中国水库和湖泊淤积现状与基础数据库

陈建国　邓安军　朱梦圆　胡海华　吴华赟　等 编著

中国水利水电出版社
www.waterpub.com.cn
·北京·

内 容 提 要

本书采用现场调研、取样测试、资料分析、理论研究、数学模型计算、信息技术集成等综合研究手段，围绕我国水库和湖泊的淤损机理、淤损发展趋势、分类技术、淤积基础数据库等进行了系统研究，调查了全国不同类型区水库和湖泊淤积现状，分析了湖库淤积特征与成因，提出了湖库淤积分类评价方法，建立了湖库淤积基础数据库。本书成果可为我国不同类型湖库功能恢复以及实现水资源高效利用提供科技支撑。

本书可供从事泥沙运动力学、河床演变、水沙调控与优化配置、水利水电工程等方面研究、规划、设计和管理的人员及高等院校相关专业的师生参考。

图书在版编目（CIP）数据

中国水库和湖泊淤积现状与基础数据库 / 陈建国等编著. -- 北京 : 中国水利水电出版社, 2021.12
ISBN 978-7-5226-0400-8

Ⅰ. ①中… Ⅱ. ①陈… Ⅲ. ①水库淤积－数据库－中国②湖泊－淤积－数据库－中国 Ⅳ. ①TV14

中国版本图书馆CIP数据核字(2022)第001407号

书　名	**中国水库和湖泊淤积现状与基础数据库** ZHONGGUO SHUIKU HE HUPO YUJI XIANZHUANG YU JICHU SHUJUKU
作　者	陈建国　邓安军　朱梦圆　胡海华　吴华赟 等　编著
出版发行	中国水利水电出版社 （北京市海淀区玉渊潭南路1号D座　100038） 网址：www.waterpub.com.cn E-mail：sales@mwr.gov.cn 电话：（010）68545888（营销中心）
经　售	北京科水图书销售有限公司 电话：（010）68545874、63202643 全国各地新华书店和相关出版物销售网点
排　版	中国水利水电出版社微机排版中心
印　刷	天津嘉恒印务有限公司
规　格	184mm×260mm　16开本　10印张　185千字
版　次	2021年12月第1版　2021年12月第1次印刷
印　数	0001—1000册
定　价	**68.00**元

前言

我国是世界上水土流失最为严重和受人类活动影响最大的国家之一，水库淤积和湖泊萎缩严重，水库库容年均损失1.0%～2.0%，近20年湖泊面积减少10.6%，水库和湖泊功能性、安全性和综合效益的降低已成为亟须解决的技术难题。针对严峻形势，习近平总书记指出："水稀缺，一个重要原因是涵养水源的生态空间大面积减少，盛水的'盆'越来越小，降水存不下、留不住"，指明了水库和湖泊淤积控制与功能恢复在解决我国水资源高效利用中的关键地位。

湖库泥沙淤积问题一直是我国泥沙研究的重点之一，而开展水库和湖泊淤积调查是深入研究和实施湖库泥沙淤积控制与功能恢复的基础。在水库淤积调查方面，引用最多的"我国水库平均年淤损率达2.3%"还是20世纪70—80年代期间调查分析的成果，90年代初在黄河流域和长江上游地区开展了局部区域的水库淤积调查研究，但是对全国典型水库进行系统调查和统计分析相对较少，相关调查研究主要是针对某个流域或者部分地区，不系统不全面，且大多调查均集中在20世纪80—90年代以前。在湖泊淤积调查方面，20世纪60—80年代进行了全国湖泊第一次调查，2005—2006年进行了第二次全国湖泊调查；近几十年来，我国湖泊环境由于受到人为和自然（主要是气候）的影响，湖泊的数量、面积、水量、水质等各个方面均发生了明显的变化，目前距第二次全国湖泊调查已过去15年，并且调查主要集中在数量、面积、水量、水质等指标上，缺少对湖泊泥沙淤积的系统调查。严重制约了我国水库和湖泊淤积控制与功能恢复的研究和实施，制约了湖库在解决我国水资源高效利用中发挥重要作用。因此，科学技术部将"不同类型区水库和湖泊淤积调查分析与基础数据库（2017YFC0405201）"列为"十三五"国家重点研发计划课题，以加强这方面的研究，更准确全面地掌握全国水库和湖泊淤积最新情况，为国家实现水资源高效利用提供科技支撑。

本书是在系统总结作者多年研究成果和"十三五"国家重点研发计划课题

研究成果的基础上形成的。调查了全国不同类型区水库和湖泊的淤积现状，分析了不同类型区水库和湖泊淤积的特征与成因，提出了水库和湖泊淤积的分类评价方法，建立了水库和湖泊淤积的基础数据库。全书共分8章，编写人员分工如下：第1章由陈建国、朱梦圆执笔；第2章由邓安军、胡海华执笔；第3章由邓安军、陈建国执笔；第4章由陈建国、邓安军执笔；第5章由陈建国、邓安军执笔；第6章由朱梦圆、胡海华执笔；第7章由朱梦圆、张毅博执笔；第8章由吴华赟、江新兰、胡海华执笔。全书由陈建国、邓安军审定统稿。

本书获得“十三五”国家重点研发课题“不同类型区水库和湖泊淤积调查分析与基础数据库（2017YFC0405201）”资助。在课题开展过程中得到了项目负责人曹文洪教高的悉心指导，在资料收集过程中得到了水利部运行管理司、各省水利厅水库管理部门及相关水库管理单位的大力支持。在此，对他们的辛勤劳动和大力支持表示诚挚的感谢。

限于作者水平，加之时间仓促和研究问题的复杂性，书中定有不少欠妥或谬误之处，敬请读者批评指正。

作者

2021年9月

目录

第 1 章

概　述

1.1　研究背景

湖库泥沙淤积问题一直是我国泥沙研究的重点问题，而开展水库和湖泊淤积调查是深入研究湖库泥沙淤积必要的基础，课题主持单位中国水利水电科学研究院和参与单位中国科学院南京地理与湖泊研究所分别在水库淤积调查和湖泊淤积调查方面做了大量工作，收集了大量资料，取得了丰硕的阶段性研究成果，培养了一支创新能力强、多学科交叉、产学研用相结合的人才队伍，积累了丰富的资料。

中国水利水电科学研究院对官厅水库、三门峡水库、刘家峡水库、青铜峡水库等进行了基础性研究，还有近 20 年来关于小浪底水库、三峡水库等大型骨干工程进行了相关深入研究，但是对全国典型水库进行系统分类调查和统计分析研究相对较少。姜乃森等统计分析了国内的水库泥沙淤积问题；韩其为等根据早期长江、黄河和部分省区的水库资料，综合分析了我国水库泥沙淤积状况；胡春宏等收集全球江河泥沙信息，建设了全球江河泥沙信息管理数据库。另外，也有其他一些关于水库淤积调查，比如 2013 年第一次全国水利普查主要调查了 10 万 m^3 及以上的水库数量、分布和部分水库库容指标等基本情况；1990—1992 年黄河流域进行了一次全流域的水库泥沙淤积调查；1992 年长江流域进行了长江上游地区水库淤积调查；以及山西省、陕西省等部分省区进行的水库淤积调查，等等。

中国科学院南京地理与湖泊研究所从 20 世纪 60 年代起，对我国 $1km^2$ 以上的湖泊面积、地貌、理化性质、生物特征等进行系统研究，出版了《中国湖泊志》《中国湖泊分布地图集》及主要大型湖泊专著几十部，构建了中国湖泊数据库，在中国的湖泊淤积问题、防控技术原理等方面具有独特的基础优势。多次对太湖等相关湖泊底泥沉积速率、泥沙属性进行调查研究，积累了丰富的湖泊动力学、泥沙过程研究基础。

上述调查研究主要针对某个流域或者部分地区，并不系统全面，并且大多调查均在20世纪八九十年代以前。因此，为了更准确全面地掌握水库和湖泊的淤积情况，开展水库和湖泊淤积调查非常必要。全国政协委员张帆曾在《人民日报》上建议水利部门在全国范围开展一次水库淤积情况普查，并开展专项调研，综合考虑水库淤积严重程度、影响范围等，按照轻重缓急部署清淤工作。综上所述，开展不同类型区水库和湖泊淤积调查分析与基础数据库课题研究工作非常必要，也十分重要，具有重要的现实意义。

1.2 国内外研究现状

1.2.1 国内外水库泥沙淤积现状

水库一般的解释为“拦洪蓄水和调节水流的水利工程建筑物，可以用来灌溉、发电、防洪和养鱼”。它是指在山沟或河流的狭口处建造拦河坝形成的人工湖泊。水库建成后，可起防洪、蓄水灌溉、供水、发电、养鱼等作用。有时天然湖泊也称为水库（天然水库）。水库规模通常按库容大小划分大型、中型和小型，见表1-1。

表1-1 水利水电枢纽工程的分等指标

工程等别	水库		防洪		治涝	灌溉	供水	水电站
	工程规模	水库总库容/亿 m^3	城镇及工矿企业的重要性	保护农田/万亩	治涝面积/万亩	灌溉面积/万亩	供水对象的重要性	装机容量/MW
Ⅰ	大（1）型	≥10	特别重要	≥500	≥200	≥150	特别重要	≥1200
Ⅱ	大（2）型	10～1.0	重要	500～100	200～60	150～50	重要	1200～300
Ⅲ	中型	1.0～0.1	中等	100～30	60～15	50～5	中等	300～50
Ⅳ	小（1）型	0.10～0.01	一般	30～5	15～3	5～0.5	一般	50～10
Ⅴ	小（2）型	0.01～0.001	一般	<5	<3	<0.5	一般	<10

注 1. 总库容系指校核水位以下的水库静库容。
2. 灌溉面积系指设计灌溉面积。

目前全世界已建成数百万座各类水坝，其中大坝约 50000 座，形成的水库库容共约 70000 亿 m^3。水库具有防洪、供水、发电、灌溉、航运等功能，为社会发展创造了重大效益。然而，河流挟运泥沙是一种客观自然行为，有水流运动必有泥沙输移。水库泥沙淤积是世界性难题，由于泥沙淤积，水库的平均使用寿命约 22 年，这与大坝坝体至少 100 年以上的寿命相比显得相差甚远。国外的大坝建设，尼罗河在阿斯旺大坝建立以前，年泥沙输送量为 1 亿～1.24 亿 t，而现在，年泥沙输送量仅为以前的 10%，这说明库区内的泥沙淤积十分显著。Ebro 河上的 Ribarroja - Mequinenza 水库枢纽建成后，上游来沙的 96%被滞留，这进而导致下游沿程河床进一步冲刷下切，且导致了河口处的三角洲淤长停止并发生侵蚀。美国的科罗拉多河以前的年输沙量为 1.5 亿 t，由于流域的调水和水库的建设，使入海的泥沙大大减少。此外，法国的多瑙河、Rhone 河，俄罗斯的顿河，非洲的 Niger 河，美国的 Skokomish 河，我国的滦河、长江、黄河、淮河等也出现了类似的现象。世界上水库以每年淤损 0.5%～1%库容的速度降低大坝的安全性，减弱水库功能及综合效益的发挥，而我国水库年均淤损率为 2.3%，远大于世界水库年均淤损率，见表 1 - 2。因此，对于大多数水库而言，发挥正常功能的使用年限是由泥沙淤积而非坝体寿命决定的。

表 1 - 2　　世界水库（大坝）库容和泥沙淤损率的地域分布

地　区	库容/km^3	库容年均淤损率/%	地　区	库容/km^3	库容年均淤损率/%
世界	6325	0.5～1	南非	575	0.23
欧洲	1083	0.17～0.2	中东	224	1.5
北美洲	1845	0.2	亚洲（除中国）	861	0.3～1.0
中、南美洲	1039	0.1	中国	510	2.3
北非	188	0.08～1.5			

我国是世界上水库数量最多的国家，建有 10 万 m^3 以上的水库有 98002 座，总库容 9323 亿 m^3，相当于全国河川径流总量的五分之一。在提供清洁能源、维系区域生态平衡、保障供水和减轻洪涝灾害等方面发挥着重要作用。其中水库控制的灌溉面积 2.9 亿亩，占全国有效灌溉面积 1/3；水库工程供水能力 2400 亿 m^3，占全国水利工程供水能力的 1/3；此外，水库具有重大的防洪效益，据统计，1999—2006 年全国水库累计拦蓄洪水 2458 亿 m^3，减免农田受灾面积 2516 万 hm^2，减免受灾人口 5 亿人次，减免直接经济损失 7408 亿元。然而，我国又是水库淤积最严重的国家，水库平均年淤损率为 2.3%，每

年淤积损失库容相当于一座100亿 m^3 的超大型水库。水库功能性、安全性和综合效益的降低已成为制约经济社会发展的瓶颈之一。

水库淤积所造成的主要问题如下：

(1) 使防洪库容和兴利库容减小，影响水库效益的发挥。

(2) 淤积向上游发展，造成上游地区的淹没和浸没以致盐碱化，带来一系列生态环境问题。

(3) 水库变动回水区的冲淤对航运带来某些不利影响。

(4) 坝前泥沙淤积在一定程度上影响枢纽的安全运行。

(5) 水库下泄清水对下游河道冲刷和变形的影响。

(6) 附着在泥沙上的污染物对水库水质的影响等。

然而，目前我国尚未系统地掌握水库淤积基础数据和特征信息。因此，开展不同类型区水库和湖泊淤积调查分析与基础数据库研究工作显得十分必要和紧迫。通过系统摸清全国水库湖泊淤积现状和情势，研究分析不同类型水库湖泊淤积成因，因地制宜地采取不同措施来控制水库泥沙淤积和保持水库库容，以延长水库的使用寿命，继续发挥水库的各项功能，更好地改善和促进水库的可持续利用。多年来，我国在水库淤积方面开展了大量的研究并取得了可喜的成果，采取了不少行之有效的水库减淤措施，主要包括蓄清排浑、泄空冲沙、异重流排沙、调水调沙、管道排沙、高水位排沙输沙、挖沙、水土保持以及水库大坝部分拆除和报废等。全国范围零星地、局部地开展了一些水库调查（见表1-3），但仍缺乏对全国范围内的水库进行系统调查和分析。

表1-3　　历史典型水库调查统计信息

调查时间	调查名称	文献
1990—1992年	黄河流域进行了一次全流域的水库泥沙淤积调查	中国河流泥沙公报（长江、黄河）[Z].2001(1)
1992年	长江上游地区水库调查	中国河流泥沙公报（长江、黄河）[Z].2000
1974年	山西省部分中小型水库淤积调查	我省部分中小型水库淤积调查初步分析[R].1974
1974年	陕西省百万立米以上水库淤积调查	陕西省百万立米以上水库淤积调查报告[R].1974
1964年	水库淤积调查报告	水库淤积调查报告[J].人民长江，1964(3)：8-14
2010—2012年	第一次全国水利普查	第一次全国水利普查公报[R].2013
2012年	山西、陕西、贵州、江西4个典型省份水库淤积情况调查	水利部组织，2012

1.2.2 泥沙淤积对水库功能的影响

河流中的水流挟运泥沙是客观存在的自然规律，水流运动必然携带泥沙输移；然而在河流上修建水库，将破坏天然河流水沙条件与河床形态的相对平衡，使河床形状发生调整。水库修建后，库区水位壅高、水深增大、水面比降减缓、流速减小，水流输沙能力显著降低，促使大量泥沙极易在库区淤积，使水库库容淤损，威胁水库的寿命和大坝的安全。水库发生淤积后，不仅会影响其效益的发挥，而且还会产生一些新的问题，总体归纳为以下几个问题：

（1）库容损失问题。库区泥沙淤积会使水库的兴利库容和防洪库容不断减小，导致水库综合效益不断降低。水库综合效益的发挥在很大程度上取决于兴利库容和防洪库容，库容的损失将使防洪、发电、通航、灌溉以及养殖等效益的发挥受到很大限制和影响，甚至影响到丧失其中的某些功能，从而会缩短水库寿命和使用年限。

（2）淤积上延引起库区上游淹没范围扩大和洪水威胁问题。一方面，库区泥沙不断淤积导致三角洲尾部段回水末端溯源淤积上延，使得水位不断抬高，即出现水库淤积“翘尾巴”现象，进一步加剧了库区的淹没或浸没范围；另一方面，如果要控制“翘尾巴”，减少淹没和浸没，就必须降低坝前水位。例如为了避免对西安的影响以及对关中平原的淹没与浸没，必须限制三门峡水库的潼关高程，从而必须限制坝前水位。

（3）坝前泥沙淤积问题。坝前的进水建筑物包括船闸和引航道、水轮机进口、渠道引水口等均可能因泥沙过流引起相应的淤积或堵塞问题，以及对水轮机和相关进水部件造成一定的磨损问题。泥沙特别是粗颗粒泥沙进入水轮机会引起一定程度的磨损，高速含沙水流通过闸槽和隧洞也容易造成一定程度的磨损；泥沙淤积若导致堵塞泄水建筑物进口，容易引起提门开闸时操作困难等问题；粗、中颗粒泥沙进入渠道，容易发生淤积，从而影响输水能力；船闸和引航道如布置不当而发生泥沙淤积，将使水流条件恶化，从而影响航运安全。

（4）坝下游河床冲刷问题。水库蓄水后，特别是在运行初期，由于库内淤积下泄含沙量常常很低，甚至下泄清水，从而引起下游河道长距离冲刷，使水位逐渐降低，河势有所改变，河型也可能发生转化。

1）水库下游河床会产生一定程度的下切，会带来几方面的影响：①游荡强度减小，河道朝着更为稳定的方向发展；②掏刷桥基和沿河工程建筑物基础，易危及建筑物的安全；③水位降低将给引水带来一定程度的困难；④水电站的水头和出力增加，水跃下延有可能超出消力池范围。

2）洪峰流量会有一定程度的减小，会带来几方面的影响：①下游洪水威胁会得到一定程度的降低；②部分滩地将不再上水，可以农业开垦予以利用；③如水库长期不泄放较大洪水，将使下游河槽内草木丛生，妨碍设计洪水的正常通过；④可能会在支流汇口的下游造成一定程度的淤积。

3）破坏了河岸坍塌和滩地淤长间的平衡，主要影响表现在河岸继续坍塌，而滩地淤长速度则因洪峰和含沙量的减小而减缓，导致河槽展宽，甚至可能会影响两岸堤坝的安全。

（5）变动回水区冲淤对航运的影响问题。水库兴建后，在常年回水区，由于水深加大和流速减低，航运条件有明显的改善；在变动回水区，由于边界为淤积物，河床可塑性增加，而且坡降有所减缓，水流较为平顺，深度有所增加，从整体看航道亦也有所改善。但是从局部来看，航运条件则有可能会产生一定程度的恶化，主要表现有两种情况：一是由于淤积改变了河势的发展，可能会使有利于通航的原有航道淤没，而新的主流部分由于基岩出露等而导致不利于航运；二是当在坝前水位消落期间，变动回水区逐渐恢复河道特性，回水区的前期淤积物将被自上而下地冲刷，同时随着水位下降，冲刷不断向下游发展，冲刷量也愈来愈大。一方面，当水位下降快、河底冲刷慢时，就会出现航深不够的现象；另一方面，冲起的泥沙在靠近冲刷的下游河段，由于壅水的影响，又会快速沉降淤积下来，在某些条件下可使航槽摆动游荡，会出现碍航等甚至更为严重的不利航运情况，例如丹江口水库就曾因此发生过海损事故。

（6）生态环境问题。水库泥沙淤积可能会在库区环境污染、生态平衡以及下游河道周边区域生态和农作物生长产生一定程度的影响，主要表现在以下几个方面：一是泥沙携带污染物颗粒物质对库区水质产生一定的影响，化学物质吸附在泥沙颗粒表面并随泥沙进入水库，然后通过离子交换，致使水库水质日益恶化；水库蓄水后，由于泥沙淤积，污染物质则在库内积累，虽然使下泄水流水质可能有所改善，但是库内水质和环境受到污染，可能影响水生物甚至影响人类身体健康。二是影响库区生态平衡，悬移质泥沙增加以后，改变了水中溶解氧的含量，影鱼类正常生长；鱼类的繁殖区和食物供应基地为泥沙所覆盖以后，并且泥沙淤积将可能会淤没鱼类的产卵地和改变河底条件，从而影响鱼类正常繁殖，容易造成水产产量下降；库区周围被泥沙淤没遍长杂草等以后，鸟类将不能自浅水湖底取食，容易造成鸟类迁徙。三是影响水库下游区域生态环境和农作物生长，泥沙颗粒冲泻质的减少，会直接导致水中肥分的下降，从而影响灌溉农田的质量；部分浮游物质被水库拦截和吸附在泥沙颗粒上淤落在库区，从而影响到河口地区渔场。

综上所述，水库淤积产生的综合影响不仅表现在缩短水库寿命方面，而且还会改变上下游区域的环境，在防洪、灌溉、航运、发电、排涝治碱、确保工程安全和生态平衡等方面，均可能会造成一系列的影响，需要运行管理部门提前做好预防措施和管理预案，从而确保水库的良性可持续运用。

1.2.3 国内外水库淤积研究综述

我国江河大多泥沙量大，所建水库淤积严重，由此带来的一系列问题，对水库库容损失和功能效益影响大。我国一些研究人员最早在水库淤积观测的基础上对官厅水库、三门峡水库、刘家峡水库、青铜峡水库等进行了基础性理论研究。主要有钱宁关于推移质公式比较的研究；张启舜关于冲刷过程中含沙量沿程恢复问题和淤积过程中含沙量沿程递减问题研究，以及壅水状态下排沙比经验关系曲线等；范家骅等于20世纪50年代对官厅水库的异重流观测和室内试验进行了较深入的研究，特别是给出了异重流的潜入条件和异重流排沙和孔口出流的计算方法；倪晋仁导出了悬移质泥沙浓度分布的统一公式；邓志强研究了溯源冲刷条件下床沙不均匀性对其冲刷强度的影响问题，通过水槽试验结果表明，非均匀床沙的冲刷强度随着其不均匀系数的加大而增加，并据此提出了绕流掀沙强度的概念，建立了考虑床沙级配影响的推移质输沙率计算公式和渠首排沙闸累积排沙量计算公式。王光谦等研究异重流的微元体，根据微元体上的质量守恒和动量守恒来建立异重流运动的基本方程。现阶段非平衡输沙计算中的恢复饱和系数的确定和床面泥沙与运动泥沙的交换机理为该方面研究的焦点问题，周建军、王士强等人分别进行过研究。

韩其为就我国水库泥沙淤积研究的状况和成果进行了全面的综述，并建立了一整套水库泥沙输移理论和计算成果，内容包括水库淤积观测资料和分析、悬移质不平衡输沙理论、水库异重流、高含沙水流、水库淤积形态、水库排沙及运行方式、变动回水区的冲淤、下游河道的冲淤变形，以及水库淤积数学模型等方面的研究成果和进展情况。

在水沙调度研究方面，第一类是常规的梯级水库水沙联合调度，如朱厚生对黄河上游梯级水库开展水沙调节优化调度，通过减淤权重因子将发电和减淤两个目标转化为单目标问题，但反映发电和泥沙两个目标关系的减淤权重因子设置得较为模糊，且泥沙淤积量计算方法较为简单；白晓华等将水库群优化调度动态规划模型、水资源系统模拟模型和水库泥沙冲淤计算模型有机结合起来对汾河流域梯级水库进行水沙联合调节计算，但其仅仅是在水资源优化模拟之后采用泥沙淤积计算对水库的库容曲线进行修改。这类研究没有体现优化的思想，仅仅探讨了水资源优化方案对应的泥沙淤积情况，对于水和沙之间的非劣关系也没有提及。第二类是黄河上游梯级水库的调水调沙实验，如万家寨、三门峡、小浪底等干流水库的调水调沙实验，黄河梯级水库排沙调度研究，以及2003年黄河调水调沙试验，这些研究为水库群水沙调度运用进行了有益的尝试。刘方则从水库优化调度、水库泥沙冲淤计算、水沙联调多目标决策模型的构建与求解以及非劣解的生成与评价决策、水沙调度实例等方面对水库水沙联合调度优化方法与应用进行了系统深入研究。

在试验研究方面，中国水利水电科学研究院于1956年开始进行异重流研究，为三门峡水利枢纽规划设计提供了科学依据。1965年南京水利科学研究院对青山运河做了有关异重流的分析研究工作。1980年陕西省水利科学研究所进行了高含沙异重流试验研究。1983年黄河水利科学研究院在室内水槽做了高含沙异重流研究，与此同时，对巴家嘴水库高含沙异重流进行了全面系统的分析研究。

我国河流数学模拟进展方面，韩其为早在20世纪70年代末已开发出一维河流泥沙数学模型。目前，一维泥沙数学模型现在应用的比较广泛，一般应用于长河段、长时期和不同水沙组合及河床边界条件的泥沙冲淤变形研究中。随着计算机的广泛应用以及计算技术的完善，泥沙理论研究也在不断的深入，泥沙数学模型的准确性正逐步提高。利用一维泥沙模型对水库异重流、引航道往复流、异重流回流淤积进行研究和计算，都取得了不错的实际效果。在20世纪80年代末李义天、周建军建立起二维泥沙数学模型。一维、二维泥沙数学模型已比较成熟，三维模型也能应用来解决一些具体问题。特别是近些年来，数学模型得到广泛应用，在生产实践中发挥重要作用。假冬冬基于三维水沙数值模型及实测资料分析，对水库蓄水初期近坝区泥沙淤积形态的成因进行了初步探讨，得出三峡水库蓄水运用后，库区泥沙淤积将显著增加，尤其在近坝区附近的淤积呈现三维特征。同理，卢金友通过原型观测资料分析表明，2003—2005年三峡水库入库年水量与多年平均值接近，但年输沙量则较多年平均值偏少43%～63%，这说明库区泥沙主要淤积在宽谷段和主槽内，越往坝前，淤积强度越大。Haregeweyn对埃塞俄比亚北部的一个水库的泥沙淤积规律进行了研究，尤其对泥沙淤积的来源问题及流域沉积特征变化进行了系统研究，并提出了进行人工有效管理是维持现有水库的最有效措施。Bolton和Ezugwu分别对赞比西河流域的Kariba水库和尼日利亚水库的泥沙淤积问题、水库环境变化进行了研究，并提出了及时监测和相应的整治措施是目前改善水库淤积的有效手段。

姜乃森等在我国的水库泥沙淤积问题中研究表明：我国水库淤积数量大，淤积速率快。根据全国 236 座有实测资料水库统计，截至 1981 年年底，总淤积量达 115 亿 m^3，占统计水库总库容 804 亿 m^3 的 14.2%，平均每年淤损约 8 亿 m^3，淤积数量明显较大。另据相关统计，我国水库平均年淤损率达 2.3%，淤积速率明显较快；并且中小型水库的淤积情况尤为严重。

田海涛等在中国内地水库淤积的差异性分析中研究表明：根据 115 座具有代表性的中国内地水库淤积资料，对这些水库按类型和区域进行统计分析，结果表明，中小型水库比大型水库淤积严重，不同流域水库淤积的空间差异明显，黄河中下游地区水库淤积比例最大，西南地区水库年均淤损率最大。截至 2003 年，根据代表性水库淤积的计算结果推算出中国内地水库的平均淤积比例约为 20%，库容年均淤损率为 0.76%，相当于每年损失一座库容近 42.3 亿 m^3 的超大型水库。

喻蔚然等认为水库淤积是水库运行过程中不可忽视的一个问题，影响着大坝安全和效益发挥，通过对大量的水库进行淤积情况普查，了解和掌握了江西省水库大坝淤积现状。总体来说，大多数水库淤积比例不高，程度较轻，但也有少数水库严重淤积，且存在缓慢增长的趋势，污染状况也较严重，文章提出了植树造林、减少建设破坏、水库清淤、加强水库管养等措施以解决水库淤积问题。

吴保生等对国外水库淤积的调查计算分析进行了系统介绍和比较，主要包括巴基斯坦、瑞士、印度、日本、伊朗、肯尼亚、摩洛哥、斯里兰卡等国家的部分水库淤积情况。从经济学和管理学角度研究了水库的可持续利用问题，提出了水库可持续管理的“生命周期”理念，通过循环的泥沙淤积管理来维持水库库容。

刘孝盈等对国外、国内水库库容保持可持续利用的管理方式方法进行系统研究和评价，对国外、国内水库工程建设情况，水库泥沙淤积状况、分布及影响，水库功能影响评价方法及指标体系，水库功能恢复对策评价等进行系统研究。结合我国水库建设与运用的特点，从可持续化管理和综合管理的理念出发，运用层次分析法建立了泥沙淤积对水库功能影响评价框架模型（RESFIE－1），并对官厅水库、小浪底水库、丹江口水库、三门峡水库和闹德海水库等典型水库进行了评价研究。

国外的研究主要集中在水库泥沙淤积管理及水库功能评价等方面。其中，早在 20 世纪 70 年代就开展了关于水库对生态与环境不利影响的全面、系统的研究。在水库泥沙淤积管理方面，Morris 和 Fan（1997），Wang 和 HU

(2009), Sabine (2016), Morris (2015) 系统总结了水库泥沙的管理措施; Basson G. R. 和 Rooseboom (1997, 1999), Brandt (2000) 综述了不同库水比、库沙比适宜采取的清淤措施。Hotchkiss (1995), Zhou (2002), Atkinson (1996) 等一些国内外专家对单个水库的泥沙治理措施进行了许多研究。此外, Yang C. T. (1996), Palmieri (2001), George W. Annandale 等 (2003) 对水库大坝的可持续性泥沙淤积和管理进行了经济分析,就水库泥沙淤积及功能影响的评价理论和功能恢复对策方面已进行了相应的探索,并已尝试应用在某些国家的水利工程建设和调度运行决策中。研究得出:在可持续性基础上,如果清淤量等于入库沙量,则可实施可持续的泥沙淤积管理,并可通过建立合理的工程报废基金,实现代际公平。

总体上看,目前我国在水库科研和设计中处理泥沙的经验世界领先,使调节库容和防洪库容得以长期保持;国外在泥沙淤积对水库功能评价及恢复对策方面开展了一些研究工作,理念、理论和方法上都比较超前。在水库泥沙淤积管理实际过程中,结合我国较为成熟和先进的水库泥沙淤积理论成果,学习国外水库功能评价及恢复对策理念,构建我国水库功能影响及恢复对策措施的评价体系,并采取科学合理的治理措施,我国水库泥沙淤积问题有望得到解决。

1.2.4 湖泊泥沙淤积研究综述

湖泊是重要的国土资源,湖泊及其流域是与人类生产、生活最为密切相关的水体和生存地,湖泊系统在维系区域生态平衡、保障区域供水和生物资源利用、减轻洪涝灾害等方面发挥着不可替代的重要功能。湖泊环境变化是水生生态系统变化的标志,它预示着区域生态环境变化趋势,并直接影响工农业生产和人类的生活。近几十年来,中国湖泊的环境由于受到人为和自然(主要是气候)的影响,湖泊的数量、面积、水量、水质等各个方面均发生了明显的变化。

王苏民等根据 20 世纪 60—80 年代进行的全国湖泊第一次调查表明,我国湖泊面积大于 $1km^2$ 有 2759 个,总面积为 $91019.63km^2$。然而,中国科学院南京地理与湖泊研究所根据 2005—2006 年进行的第二次全国湖泊调查表明,湖泊面积大于 $1km^2$ 的湖泊数量减少为 2693 个,湖泊总面积减少至 $81414.56km^2$。湖泊面积减少,会影响湖泊水体容量、环境容量、流域用水量,也影响湖泊系统服务功能退化,所产生的水文生态灾害对区域建设和经济发展构成严重威胁。一些源于湖泊流域的重大灾害如尘暴事件导致湖泊干涸、旱涝事件引起湖泊湿地围垦、调蓄功能下降、藻类异常增殖造成水质恶化,已危及人民生活和区域社会稳定。保护湖泊的水体容量和环境容量、恢复良性的湖泊生态系统及其服务功能，解决日趋严重的资源环境问题，具有重要的国家战略意义和国计民生实际作用。

湖泊的泥沙、生物以及盐分等积累和沉积使得不同类型湖泊的湖容、环境容量和可利用水量均出现快速下降趋势。不同气候区的自然环境、人类开发的历史和现代人类活动方式和强度等差异，决定了湖泊淤积的强度和速度，进而影响湖泊面积和体积缩减速率。

我国位于东南和西南季风区，大量的浅水湖泊面临着自然淤积、区域老化过程，而人类活动又加速了这一老化的速度。东部平原湖区部分湖泊与长江连通，湖南省最大湖泊洞庭湖、江西省最大湖泊鄱阳湖、湖北省最大湖泊洪湖等都与长江连通或曾经连通，上游河水经过这些通江湖泊注入长江，而入湖河水注入长江前将大量泥沙滞留在湖内，加上汛期长江水倒灌入湖，也给湖泊带来泥沙淤积，这使通江湖泊沉积速率较高。洞庭湖区位于长江中游的荆江南岸，接纳湘、资、沅、澧四水，是一个典型的吞吐型过水湖泊，湖泊容积受入流泥沙的影响很大。其中四水入湖沙量占全湖入湖沙量的82%，是主要的泥沙来源，而从城陵矶输出的沙量仅为入湖沙量的26%，淤积在洞庭湖湖内的泥沙占入湖总沙量的74%。根据第二次全国湖泊调查，洞庭湖最大水深18.67m，相应蓄水量167亿m^3。而根据历史资料调研，1949—1987年，洞庭湖被泥沙淤积损失的容积达到47.1亿m^3。同时，王苏民等研究表明长江上游和湖泊流域的水土流失、人类活动的增加更是加剧了通江湖泊的日益淤塞，1949—1987年洞庭湖容积受到围垦等人类活动的影响，容积减少90.5亿m^3。鄱阳湖同样作为通江湖泊，泥沙冲淤随季节、汛期变化而变化，且呈现湖区差异。4—10月为泥沙淤积期，11月至翌年3月为冲刷期，其中4—6月入湖泥沙量占全年入湖泥沙量的70%，而7—9月入湖泥沙以长江倒灌为主。与洞庭湖相比，鄱阳湖泥沙淤积速率较小，1956—1994年损失容积为3.63亿m^3。

我国长江中下游地区湖泊以浅水湖泊为主，浅水湖泊的入湖河口湖滨带是泥沙的主要淤积区。太湖小梅口湾是主要入太湖河道西苕溪河口所在地，源自天目山北坡的泥沙通过西苕溪的搬运最终抵达小梅口湾，并在此发生沉降，引起湖湾淤积。孙顺才等研究了太湖洪水年入湖泥沙44.08万t，其中86%来自于西苕溪和东苕溪，两者对太湖淤积贡献巨大。秦伯强等研究了太湖的东太湖是典型的草型湖泊，目前呈现沼泽化发展趋势，大量的生物死亡残体和水生植物对泥沙、生物碎屑的捕获使湖泊不断淤积。

在我国华北平原，发育在山前和洪泛平原上的湖泊也多为浅水湖泊。呈河道型分布的南四湖是华北平原上面积最大的湖泊群，包括微山湖、南阳湖、独山湖和昭阳湖，总面积 1226km^2，蓄水量 19.3 亿 m^3。沈吉等研究了由于季风气候和黄河屡次南泛夺淮，历史上南四湖水旱灾害频繁，湖泊淤积严重；而现代开发强度过大、水量入不敷出致使南四湖经常连警戒水位无法保证，极端情况出现干湖事件。尽管目前建有东堤和西堤约束了湖泊面积和位置，但南四湖的放射状入湖河道将集水区大量泥沙输送入湖，并引起湖泊淤积，同时大运河和伊家河等出湖河道的河岸坍塌也加速了湖泊淤积过程。

我国东北地区气候干旱，风沙严重，湖泊面积萎缩问题严峻。近几十年来，由于大规模的畜牧业和农业垦殖，加之气候变暖导致的水文过程变化，造成湖泊湿地面积锐减，仅三江平原湿地面积减少就达 80%。位于我国最北端的呼伦湖，第一次全国湖泊调查时期最大水深约 8.0m，至第二次全国湖泊调查时期最大水深仅 3.4m，水位已经下降了约 4.6m，水面面积从 2339km^2 减少为 1751km^2，相应湖泊蓄水量从 138.5 亿 m^3 减少至 47.3 亿 m^3，蓄水量减少 66%，导致湿地萎缩，湖区生态环境退化。

在我国内蒙古和新疆地区气候干旱，湖泊是最重要的水源地。由于区域降水稀少、蒸发量大，加之人类的高强度开发利用，使盐碱地规模不断扩大，湖泊库容缩小，湖泊面临干涸化风险。博斯腾湖是我国最大的内陆淡水吞吐湖，也是干旱区一个典型的浅水湖泊。流域土地开垦、跨流域引水和下游水量调配等对博斯腾湖水位锐减和泥沙淤积造成了极大影响。两次湖泊调查结果表明，博斯腾湖平均水深从 8.08m 下降到 5.91m，蓄水量由 80.17 亿 m^3 减至 59.38 亿 m^3。

孙顺才等研究了云贵高原地区湖泊水深岸陡，曾与抚仙湖相通的星云湖，周围多农田，湖底平缓多泥，有机物质淤积较厚，湖内水草繁茂，浮游生物和底栖生物也较丰富。近几十年来星云湖正处于快速淤积过程中，1998 年该湖平均水深 9m，淤积使平均水深快速下降至目前的 7m。青藏高原地区湖泊气候严寒干旱，降水较少，冰雪融水是主要的湖泊补给来源。因此蒸发、降水等气候要素变化对青藏高原湖泊的水量和淤积速率影响巨大。纳木错全新世以来湖泊面积逐渐缩小，但过去 40 年以来湖泊面积有所回升，而同期入湖水量的增加也导致了纳木错沉积速率的增加。但总体而言青藏高原湖泊的沉积速率较低。

城市湖泊受人类活动影响更大。位于杭州的西湖，自然的淤塞和人类活动的干扰使西湖淤积严重。历史上西湖就因大量的莲藕种植而逐步淤塞，在宋代就曾进行过清淤保护。20 世纪 50 年代初，西湖淤塞已十分严重，进行了大规模的清淤后平均水深近 1 米。吴芝瑛等研究了 1999—2003 年西湖因严重的富营养化淤积，进行了第二轮大规模清淤，使水体平均水深达到 2m 以上。因此，西湖的淤积代表着人类活动强烈的城郊湖泊的普遍问题。

可见，在人为和自然因素的双重胁迫下，我国湖泊正面临严重的泥沙淤积问题，而淤积成因和速度不尽相同，对湖泊淤积速率的评估、淤积主要因素的分析和淤积风险的诊断是预防和治理湖泊淤积的前提。目前测定湖泊沉积速率的方法主要有水沙平衡法、湖底地形测量法以及放射性同位素测量法，水沙平衡法即通过入湖、出湖的泥沙量差值推算泥沙沉积量，湖底地形测量则是根据湖底高程变化计算泥沙淤积量，放射性同位素测量法通常是利用不同深度沉积物中放射性同位素的量及其半衰期计算得出沉积速率，主要利用的同位素有 ^{14}C、^{137}Cs、^{210}Pb、^{241}Am 等，^{137}Cs、^{210}Pb 通常结合起来测定判断沉积速率。

第2章 我国水库基本情况

2.1 我国水利普查水库信息统计

第一次全国水利普查（2010—2012 年）资料中包括全国 10 万 m³ 及以上的 9.8 万座水库的库容、水位、坝高、功能等基础信息。全国水库主要分布在湖南、江西、广东、四川、湖北、山东和云南 7 省，共占全国水库总数量的 61.7%。

不同规模水库数量和总库容汇总见表 2－1 和图 2－1。其中：大型水库 756 座，占水库总数量的 0.77%，库容 7499.85 亿 m³，占水库总库容的 80.44%；中型水库 3938 座，占水库总数量的 4.02%，库容 1119.76 亿 m³，占水库总库容的 12.01%；小型水库 93308 座，占水库总数量的 95.21%，库容 703.51 亿 m³，占水库总库容的 7.55%。由表 2－1 分析可得，大型水库数量占比最小，库容总量占比最大，不足 1%的水库数量其总库容却占到 80%以上；小型水库数量占比最大，库容总量占比最小，超过 95%的水库数量其总库容占比却不足 8%。由此可见，从全国范围来看，大型水库的淤积控制和库容保持对于我国水资源有效供给和保障显得尤为重要和突出。

表 2－1　　不同规模水库数量和总库容汇总表

水库规模	合计	大型			中型	小型		
		小计	大（1）	大（2）		小计	小（1）	小（2）
数量/座	98002	756	127	629	3938	93308	17949	75359
总库容/亿 m³	9323.12	7499.85	5665.07	1934.78	1119.76	703.51	496.38	207.13

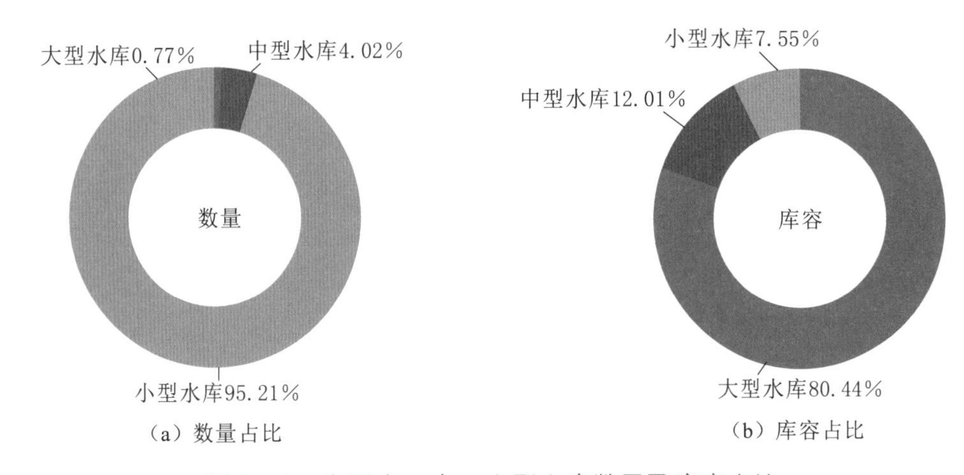

(a) 数量占比　(b) 库容占比

图 2-1　全国大、中、小型水库数量及库容占比

根据第一次普查结果，我国水库按流域分布见表 2-2。其中长江流域有 51889 座，占水库总量的 53%，库容 3607 亿 m^3，占总库容的 48%。

表 2-2　我国各流域水库分布情况表

流域	合计		大型		中型		小型	
	数量/座	库容/亿 m^3	数量/座	库容/亿 m^3	数量/座	库容/亿 m^3	数量/座	库容/亿 m^3
长江	51889	3607	242	2891	1542	415	50063	312
黄河	3278	906	47	788	247	78	2984	40
珠江	18291	1511	101	1152	753	215	17418	144
淮河	9661	508	52	371	294	81	9309	57
海河	1834	332	36	271	152	44	1646	17
松辽河	1392	494	133	440	132	40	1112	15
黑龙江	2722	573	48	476	204	66	2468	31
内陆河	849	128	24	63	151	51	673	14
其他	8086	1264	73	1048	463	130	7635	74

2.2　文献资料收集水库泥沙淤积情况

通过文献查阅，收集了 86 座水库的泥沙淤积资料（见表 2-3），几乎涉及七大流域和新疆、西藏两大片区等全国范围。经统计分析得到，整体上水库年均淤损率约 1.97%。

表 2-3　　我国部分水库泥沙淤积情况统计表

水库名称	流域	总库容/万 m³	淤积库容/万 m³	统计年份	年淤损率/%
八盘峡水库	黄河	4900	2523	1975—2002	1.839
巴家嘴水库	黄河	51100	33440	1960—2004	1.454
巴图湾水库	黄河	10343	5172	1972—2011	1.250
蔡庄水库	黄河	2070	1260	1960—1989	2.029
汾河水库	黄河	73300	40270	1958—2004	1.169
冯村水库	黄河	1125	502	1970—1992	1.940
冯家山水库	黄河	38900	6300	1974—2004	0.522
官山水库	黄河	200	154.3	1958—1994	2.085
黑松林水库	黄河	860	338	1959—1994	1.092
旧城水库	黄河	5800	5800	1960—1973	7.143
刘家峡水库	黄河	574000	141000	1968—2004	0.646
陆浑水库	黄河	132000	6200	1965—2004	0.157
前咀子水库	黄河	305	265	1960—1988	2.996
贾河滩水库	黄河	175	92	1975—1997	2.286
青铜峡水库	黄河	60600	58300	1967—2004	2.532
三门峡水库	黄河	975000	643040	1960—2016	1.157
三盛公水库	黄河	9800	4000	1961—1977	2.401
石头河水库	黄河	14700	36	1989—1990	0.122
石峡口水库	黄河	17000	12700	1959—2004	1.624
苏家峡水库	黄河	820	530	1962—2007	1.405
天桥水库	黄河	6700	3800	1976—2004	1.956
万家寨水库	黄河	89600	10800	1997—2001	2.411
万家寨水库	黄河	89600	33860	2001—2011	3.779
王瑶水库	黄河	20300	7700	1972—2004	1.149
王瑶水库	黄河	20300	2105	2006—2015	1.152
文浴河水库	黄河	10500	2000	1960—2004	0.423
夏寨水库	黄河	2417	95	1988—1992	0.786
小浪底水库	黄河	1265000	326200	1997—2016	1.357
新桥水库	黄河	20000	15600	1961—2004	7.773
雪野水库	黄河	21100	900	1966—2004	0.109
盐锅峡水库	黄河	21600	1700	1961—2004	0.179
羊毛湾水库	黄河	10700	1700	1970—2004	0.467
尤河水库	黄河	2428	1129	1961—1991	1.500

续表

水库名称	流域	总库容/万 m^3	淤积库容/万 m^3	统计年份	年淤损率/%
窄口水库	黄河	18500	800	1960—2004	0.096
张家湾水库	黄河	11900	10100	1959—1964	14.146
长山头水库	黄河	30500	27900	1960—2004	2.033
当阳桥水库	黄河	20700	14300	1975—2004	2.303
碧口水库	长江	52100	28550	1975—2002	1.957
丹江口水库	长江	2905000	161800	1960—2003	0.130
龚嘴水库	长江	37371	613.6	1974—2005	0.051
花瓶沟水库	长江	172.71	3.89	1967—1996	0.075
石门水库	长江	10500	4291.42	1972—2012	0.997
万安水库	长江	221400	9325	1989—2007	0.222
小华山水库	长江	176.8	52.5	1958—1976	1.563
鸭河口水库	长江	133900	2485	1963—1999	0.050
鱼岭水库	长江	1037.5	243	1974—2001	0.836
柘溪水库	长江	357000	10422	1950—1995	0.063
二龙山水库	长江	8100	796.3	1978—2001	0.410
白河堡水库	海河	9061	1005.98	1983—1997	0.740
册田水库	海河	20000	12900	1960—1969	0.450
岗南水库	海河	157100	26000	1960—1998	0.424
官厅水库	海河	416000	65564	1953—1996	0.358
密云水库	海河	437000	35800	1959—2005	0.174
潘家口水库	海河	293000	17960	1980—2006	0.227
镇子梁水库	海河	3600	2900	1959—1973	5.370
白石水库	辽河	164500	3293.4	2000—2004	0.400
柴河水库	辽河	61400	3070	1980—2013	0.147
丁家水库	辽河	111	4	1970—2007	0.095
范家山水库	辽河	45.9	13.1	1982—2012	0.921
高桥水库	辽河	80	3	1985—2010	0.144
红山水库	辽河	256000	108200	1960—1983	1.761
桦木水库	辽河	36.28	3.28	1986—2011	0.348
江山头水库	辽河	3.4	4	1981—2009	4.057
萌芽水库	辽河	178	20	1983—2006	0.330
闹德海水库	辽河	21740	3800	1942—1942	17.479
青山水库	辽河	63000	55.73	2003—2004	0.044

续表

水库名称	流域	总库容/万 m^3	淤积库容/万 m^3	统计年份	年淤损率/%
清河水库	辽河	97100	3350	1960—1995	0.096
山城水库	辽河	167	3	1971—2008	0.047
十字街水库	辽河	526	28	1969—2003	0.152
石佛寺水库	辽河	18500	9.9	2006—2007	0.027
跃进水库	辽河	548	46	1963—2004	0.200
周家岗水库	辽河	230	46	1976—2005	0.667
大化水库	珠江	96400	11316	1981—1997	0.691
深圳水库	珠江	4496	102.28	1960—1990	0.073
乌鲁瓦提水库	珠江	33360	4152	2002—2008	1.778
西津水电站水库	珠江	140000	20700	1963—1998	0.411
岩滩水库	珠江	261200	39201	1992—2002	1.364
群昌水库	黑龙江	4846	935.39	1974—2010	0.522
葠窝水库	黑龙江	79100	12966	1973—2011	0.420
克敦尔水库	内陆河	72500	12600	1992—2010	0.915
乌拉泊水库	内陆河	6400	1080.17	1959—2003	0.375
昌马水库	内陆河	19340	1828.79	2015—2015	9.456
黄坛口水库	浙闽台河流	8648	518.88	1960—1973	0.429

2.3 南方地区代表性水库泥沙淤积情况

对湖南省的柘溪（大型）、牛形山（中型）、花木桥（中型）、沂溪（小型）和八斗溪（小型）水库，广东省的南水（大型）、长湖（大型）、泉水（中型）、深圳（中型）、南告（中型）水库，广西壮族自治区的西津（大型）、武思江（大型）水库，江西省的上游江（大型）、长岗（大型）水库，湖北省的蒲沂（大型）、太平溪（小型）水库，四川省的大洪河（大型）水库，贵州省的水槽子（中型）水库等我国南方地区典型水库的实测淤积资料整理分析，可得这些水库的基本情况和实测淤积量、淤积时间、淤积特性，见表2-4。

由表2-4可知，我国南方地区典型大型水库年均淤损率为0.048%～0.856%，平均为0.31%，而中小型水库年均淤损率为0.363%～1.567%，平均为0.727%。

表 2-4　　典型水库实测淤积特性表

库名	淤积时间/a	淤积量/万 m³			$V_{正}$/亿 m³	$V_{死}$/亿 m³	$V_{兴}$/亿 m³	年均淤损率/%			淤积模数/[万 m³/(亿 m³·a)]			输沙模数/[t/(km²·a)]	径流模数/[万 m³/(km²·a)]
		$V_{正中}$	$V_{死中}$	$V_{兴中}$				$V_{正}$	$V_{死}$	$V_{兴}$	$V_{正}$	$V_{死}$	$V_{兴}$		
一、大型水库															
柘溪	35	14400	10400	4000	28.7	7.62	21.08	0.143	0.39	0.054	14.3	39	5.42	195.6	86.6
双牌	38	4145	3634.4	5105	5.05	1.31	3.74	0.216	0.73	0.036	21.6	73	3.59	258.9	93.3
渔潭	5	575	464	111	1.33	0.7	0.63	0.856	1.326	0.331	86.5	132	33.1	488	114.3
上游江	44	1534	1075	459	7.21	2.5	4.71	0.048	0.098	0.022	4.84	9.8	2.21	123.2	89.3
蒲沂	21	1344	804	540	7.06	1.61	5.45	0.091	0.238	0.047	9.07	23.8	4.72	173.9	97.7
南水	20	949.3	891.3	58	4.90	1.3	3.6	0.097	0.343	0.008	9.7	34.3	0.81	121.7	108.5
长岗	3	420	265	155	2.51	0.93	1.58	0.557	0.95	0.327	55.8	95.0	32.70	425.7	91.5
长湖	13	820	206	614	1.27	0.21	1.06	0.497	0.755	0.446	49.7	75.5	44.56	391.3	107.2
西津	36	21341	20101	1240	14.0	8	6	0.423	0.698	0.057	42.3	69.8	5.74	376	60.4
武思江	32	629	138	491	1.04	0.15	1.89	0.172	0.288	0.155	18.9	28.8	17.24	240.5	99.9
大洪河	24	1616	536	1080	2.14	0.36	1.78	0.315	0.62	0.253	31.5	62.0	25.28	288.3	67.4
平均								0.31	0.585	0.158					
二、中小型水库															
牛形山	23	461.42	15.0	446.4	0.3370	0.0045	0.3325	0.595	4.348	0.579	60.0	145	58.37	225.0	52.0
花木桥	37	926	310	626	0.1676	0.0310	0.1366	1.067	1.517	0.965	149	385	12.39	482.0	105.3
泉水	18	39.2	34.6	4.6	0.2000	0.0400	0.1600	0.109	0.458	0.016	11	48	1.60	193.0	108.5
深圳	33	247	100	147	0.4100	0.0220	0.3880	0.183	0.336	0.139	18	138	11.48	223.0	104.1
南岩	9	257.5	145	112.5	0.7900	0.0800	0.7100	0.362	2.010	0.176	36	201	11.79	241.0	105.4
水槽子	23	275	134	141	0.0958	0.0134	0.0824	1.248	4.348	0.744	125	435	75.45	566.0	130.6
沂溪	24	35	13	22	0.0260	0.0025	0.0235	0.560	4.167	0.376	56	217	39.01	304.0	100.3
太平溪	19	13.4	2.8	10.6	0.0045	0.0003	0.0042	1.567	5.263	1.322	157	491	132.83	632.1	66.7
八斗溪	11	75.1	50.8	24.3	0.0800	0.0150	0.0650	0.853	1.539	0.442	85	308	33.99	456.8	123.3
平均								0.727	2.665	0.529					

典型实测水库淤积测量成果介绍如下。

1. 柘溪水库

柘溪水库位于湖南省安化县境内的资水干流中游河段，以发电为主兼顾防洪，自1961年12月蓄水发电以来，已取得了巨大的经济效益与社会效益。坝址以上流域面积22640km^2，最大坝高104m，正常蓄水位169.5m，相应库容28.7亿m^3，死水位144m，相应库容7.62亿m^3。水库库区河道长150km，属河道型水库。流域内植被较好，非汛期为清水，水库淤积发展较缓慢。落淤区主要在库尾回水变动区，即新化白溪至渣洋滩之间，主要淤积粗砂和卵石，区内采砂船四季云集，导致洲滩密布。

柘溪水库1961年关闸蓄水，于1963年冬布设淤积测量断面，并于1971年、1981年、1983年和1998年4次对库内淤积进行了实测，并利用断面高程变化对比计算库内淤积量和高程分布，各次施测成果基本吻合，各次施测时间、测量方法、测量成果见表2-5。

表2-5 柘溪水库历次淤积测量方法与成果表

施测时间	测量方法	测量成果
1971年11—12月（1963—1971年）8年	水平定位采用经纬仪视距法与交角法；用测船测深锤测水深，施测断面26个，断面布设与1963年时相同	8年间淤积总量2103万m^3，平均每年263万m^3。其中死水位144m以下淤积量560万m^3，正常水位168.5m至死水位144m之间1543万m^3
1981年3—5月（1963—1980年）17年	测量方法与布设断面与1971年相同	17年间淤积总量5717万m^3，平均每年336万m^3，其中144m以下淤积量3298万m^3，168.5～144m之间2419万m^3
1983年10—12月（1963—1983年）20年	测量方法与1981年相同，施测断面由26个增加到37个	20年间淤积总量7822万m^3，平均每年淤积391万m^3，死水位以下淤积量4513万m^3，正常水位至死水位间淤积量3309万m^3
1998年10—11月（1963—1998年）35年	GPS定位、声呐测水深、智能软件、计算机合成，施测水下地形测量法	35年间累计淤积总量14400万m^3，平均每年淤积411万m^3，144m水位以下淤积10400万m^3，168.5～144m水位间淤积4000万m^3

由表2-5可知，自蓄水至1998年末的35年间柘溪水库累计淤积量14400万m^3，平均每年淤积411万m^3，淤积占正常蓄水位下库容的5%，年均淤损率为0.143%；淤在兴利库容中4000万m^3，占兴利库容的1.9%；淤在死库容中10400万m^3，占死库容的13.6%。

2. 长湖水库

长湖水库是广东省的一个大型水库，以发电为主，兼顾灌溉、航运和防洪。水库位于英德县的东南部，系截北江的支流滃江下游而成，水淹面积约 7km^2，流域集水面积 4831km^2。水库正常高水位 62.0m，相应库容 1.273 亿 m^3。大坝坝顶高程 66.0m，顶宽 7m，总长 181m，最大坝高 54m。水库于 1969 年 12 月动工兴建，1972 年 12 月下闸蓄水。

长湖水库为日调节水库，呈狭长条带状，主库区长 23.5km。蓄水 14 年来，库区周围的自然环境发生了较大变化。一方面，水库上游的林木资源受到不同程度的开发，林木稀疏，水土流失日甚；另一方面，水库建成后，改变了河流原来的水动力条件，使上游来沙大都停积在库内，加之库面狭窄，泥沙回旋空间小，淤积较为集中，直接影响了水库的寿命。泥沙淤积是长湖水库管理中一个尤为突出的问题。

为了弄清水库泥沙的淤积状况，1986 年 6 月，由广州地理研究所和广东省长湖水电厂共同对长湖水库的泥沙淤积问题进行了调查。

淤积调查方法主要采用地质沉积界面法和剖面法，在野外采样的基础上，通过室内测试、制图和计算得到淤积量。水下采样使用重力采样器，采样剖面线与样点根据水库地形、水动力条件和不同泥沙沉积环境情况选取，共布置了 17 条剖面线和 61 个采样点。

长湖水库蓄水 13.5 年，已淤积泥沙 819.58 万 m^3，平均年淤积 60.71 万 m^3，年均淤损率为 0.48%，13.5 年库容淤损率为 6.44%。

3. 牛形山水库

水库位于湘江二级支流武水河中游，在衡阳县境内，1964 年 6 月建成蓄水，最大坝高 33.5m，坝址以上流域面积 246km^2，年径流量 1.28 亿 m^3，年悬沙量 14.8 万 t，中值粒径 0.048mm。设计洪水位 118.67m，正常水位 114.2m，死水位 89.2m，总库容 5880 万 m^3，正常库容 3370 万 m^3，死库容 15 万 m^3。设计灌溉农田 8.24 万亩，坝下发电装机容量 1630kW。

试验采用了“地形法”“断面法”“沙量平衡法”测算了库内淤积量。以地形法为基础，断面法与沙量平衡法的误差分别为－1.5%和 3.3%。采用地形法测算的成果为：1964—1987 年共 24 年的总淤积量 461.42 万 m^3，年平均淤积量 19.23 万 m^3，116.0m 水位以下库容损失 11.1%，正常蓄水位下库容、死库容、兴利库容的年均淤损率分别为 0.595%、4.348%和 0.579%。

第 3 章

典型水库泥沙淤积调查

3.1 典型省份泥沙淤积情况

通过对典型省份水库泥沙淤积情况调查，在不同流域省份水库泥沙淤积方面存在不同的问题，下面以长江流域的湖南省、江西省、四川省和黄河流域为主的青海省和山西省为例进行介绍。

3.1.1 湖南省泥沙淤积情况

2018 年 3 月对湖南省开展了湖南省水库淤积情势调研，分别与湖南省水利水电科学研究院和湖南省水利水电勘测设计研究总院进行了座谈（见图 3－1），并就湖南省水库淤积情势及省内有关重大水利工程等热点难点问题进行了充分交流和讨论，为开展课题相关研究工作提供了良好的基础条件。

图 3－1 现场座谈交流

3.1.1.1 湖南省已建水库概况

截至2008年，湖南省已建大、中、小型水库18061座，总库容481.42亿m^3，正常库容376.50亿m^3，兴利库容259.99亿m^3，死库容116.51亿m^3。其中大型水库（$V_{总}\geqslant1.0$亿m^3）49座，总库容339.81亿m^3，正常库容260.88亿m^3，兴利库容170.84亿m^3，死库容90.04亿m^3；中型水库（1.0亿$m^3>V_{总}\geqslant0.1$亿m^3）325座，总库容78.58亿m^3，正常库容64.61亿m^3，兴利库容57.73亿m^3，死库容6.88亿m^3；小型水库（$V_{总}<0.1$亿m^3）17687座，总库容63.03亿m^3，正常库容51.01亿m^3，兴利库容46.42亿m^3，死库容4.59亿m^3。设计灌溉农田2139.37万亩，有效灌溉1479.51万亩，发电装机6882.1MW，不完全统计，防洪保护人口894.6万人，保护耕地1095.7万亩。

此外还有山塘203.48万口，总库容67.29亿m^3。

按水库功能划分，纯发电水库4738座，兴利库容180.08亿m^3，其中大型水库28座，兴利库容141.22亿m^3，中型水库47座，兴利库容7.60亿m^3，小型水库4663座，兴利库容31.26亿m^3；发电与灌溉结合水库2833座，兴利库容89.33亿m^3，其中大型水库18座，兴利库容23.06亿m^3，中型水库210座，兴利库容48.80亿m^3，小型水库2605座，兴利库容17.47亿m^3；纯灌溉水库10477座，全部为中小型水库，兴利库容77.83亿m^3。向城镇供水为主水库13座，其中大型水库3座，兴利库容6.59亿m^3，中型水库10座，兴利库容1.85亿m^3。

上述水库主要分布在湖南省湘江、资江、沅江、澧水流域，以及汨罗江、新墙河、珠江北江上游等流域的山丘区。

3.1.1.2 湖南省已建水库淤积情势调查与分析

1. 大中型水库淤积统计资料

据《湖南水利统计年鉴》（2006）发布，被调查统计的301座大中型水库（占全省大中型水库总座数的80.5%），至2006年年末，已发生泥沙淤积总量为6.89亿m^3，占总库容的2.1%。其中22座大型水库淤积量为4.62亿m^3，279座中型水库淤积量为2.27亿m^3。已淤积量占总库容超过10%的典型水库有8座，见表3-1。

2. 典型调查资料

（1）全省中型水库约1/6淤积严重，淤积量占有效库容的5%以上。

（2）全省1008座河坝，大部分被淤平。

（3）辰溪县城郊乡二冲村建山平塘65口，报废率高达64.5%。

表3-1　淤积量大于总库容10%的典型水库统计表

水库名称	所在县（市、区）	总库容/万 m^3	蓄水期/年	已淤量/万 m^3	淤积量占总库容比例/%	备注
泉水冲	望城	1040	1959—2005	130	12.5	摘自《湖南水利统计年鉴》（2006年）
新桥	衡山	2005	1970—2005	290	14.5	
下源	新邵	2380	1960—2005	400	16.8	
山河	苏仙	2382	1997—2005	300	12.6	
黄狮洞	洪江	2120	1970—2005	523	24.7	
黄土溪	麻阳	5258	1969—2005	1250	23.7	
朝阳	新晃	1380	1972—2005	230	16.7	
马鞍山	永顺	2840	1988—2005	300	10.6	

(4) 安化县16035处塘坝，淤积量545万 m^3，占塘坝容水量的22.23%。

(5) 欧阳海水库坝址以上4.5km内库区两岸有110多家矿业，其中非法矿山占71%，已产生弃渣300万 m^3 以上，其中直接向水库倾倒形成淤积达185万 m^3。

(6) 石门县商溪水库为小（2）型水库，总库容50万 m^3，1961—1982年已淤32.3万 m^3，占总库容的64.6%。

(7) 湘乡市万岁水库为小（2）型水库，总库容32万 m^3，1966—1982年已淤8.8万 m^3，占总库容的27.5%。

3.1.1.3　典型施测淤积水库调查资料

本次典型施测淤积的水库分别为湘江流域的双牌水库及澧水流域的渔潭水库（见图3-2）。采用经纬仪交会定面坐标，然后用测锤量水深，针对建库时布设的横断面利用重叠测量法，测出水库的淤积总量和垂向部位，同时进行现场取样，经室内分析获得淤沙成分和颗粒组成。

1. 双牌水库（2001年10月施测）

坝址位于湘江一级支流潇水中游双牌县，集雨面积10330km²，年径流量96.4亿 m^3，入库年输沙量223万t/a，最大坝高58.8m。1963年4月正式蓄水，正常蓄水位170.0m，死水位156.0m，总库容6.9亿 m^3，正常蓄水位以下库容5.05亿 m^3，死库容1.31亿 m^3。坝后式发电装机13.5万kW，设计灌溉农田32.0万亩，是一座发电、灌溉、防洪、航运相结合的水库。

水库库区河道长71.5km，共施测15个横断面，平均间距4.76km，测得水库1963—2001年淤积总量4145万 m^3，其中淤在死水位以下3634.5万 m^3，死水位以上兴利库容内510.5万m^3，38年平均淤高2.83m，最大淤高7.75m。正常蓄水位以下库容年均淤损率0.216%，死库容年均淤损率0.730%，兴利库容年均淤损率0.036%。淤沙成分主要为粉质黏土、砾质黏土、砂质黏土和粗砂，平均颗粒组成为：小于0.005mm黏粒占32.5%，0.005～0.05mm粉粒占29.4%，0.05～0.1mm极细砂粒占10.1%，细、中、粗砂分别占7.5%、5.2%、7.3%，中细砾石（2～20mm）占8.1%，推悬比17.6%。库前以细粒土为主，库尾以中、细砾石为主。

黄土溪水库

下源水库

双牌水库

渔潭水库

图3-2　湖南省典型水库现状图

2. 渔潭水库（2001年12月施测）

坝址位于澧水干流中游张家界市温塘镇，集雨面积3473km^2，年径流量39.7亿m^3，入库年输沙量108.9万t/a，最大坝高56.5m。1996年年底蓄水，正常蓄水位250.0m，死水位235.0m，总库容1.8亿m^3，正常水位以下库容1.33亿m^3，死库容0.7亿m^3，发电装机7.0万kW，主要功能为发电与防洪。

水库库区河道长33km，共施测了12个横断面，平均间距2.75km。测得水库1997—2001年的淤积量为575万m^3，其中淤在死水位以上兴利库容111万m^3，平均淤高2.14m，最大淤高5.87m，占正常蓄水位下库容0.865%、死库容1.326%、兴利库容0.331%。淤积泥沙主要成分为粉质黏土与卵石，平均颗粒组成为：小于0.005mm黏粒占25.5%，0.005～0.05mm粉粒占30.7%，0.05～0.25mm细、极细砂粒占9.1%，0.25～2mm粗中砂粒占4.5%，2～20mm的中、细砾石占9.6%，20～60mm粗砾石英砂占20.36%，推悬比为19.8%。

3.1.2 江西省水库泥沙淤积情况

2018年4月开展了江西省水库淤积情势调研，分别与江西省水科院和江西省大坝管理中心进行了座谈（见图3-3），并就江西省水库淤积情势及省内有关重大水利工程等热点难点问题进行了充分交流和讨论，为下一步更好地开展课题相关研究工作提供了良好的基础条件。

图3-3 与江西省水科院、大坝中心现场座谈交流

江西省位于长江中下游南岸，因唐代属江南西道管辖而得名，赣江是境内最大的河流，故简称赣，全省土地面积16.69万km^2，辖11个设区市、100个县（市、区）。境内河流众多，主要河流有赣江、抚河、信江、饶河、修河五大河流，经鄱阳湖调蓄后，于湖口注入长江，形成较为完整的鄱阳湖水系。

江西省水库众多，截至2011年年底全省注册登记的水库大坝共有9793座，其中大型水库25座，中型水库233座，小（1）型水库1438座，小（2）型水库8097座，水库总库容295.5亿m^3。长期以来，这些水库是江西省防洪体系与水利基础设施的重要组成部分，为保障人民生命财产安全，改善人民生产生活条件，确保粮食安全，实现农民增收、农业增收、农村经济发展发挥了巨大的作用，在防洪、灌溉、发电、供水、养殖、改善生态环境等方面产生了重大的经济和社会效益。

江西省水库大多建于20世纪50—70年代，距今运行已50年，工程早期建设标准低，施工质量差，配套不完善，加上在管理上管护主体缺位，管理经费不足，绝大部分小型水库无专管部门和人员，因此多数工程老化、病险严重。1998年以来，中央和地方投入了大量的资金用于水库除险加固建设，取得了明显成效。目前，绝大多数大中型水库和大部分小型水库已完成除险加固或正在进行加固建设，提高了水库的防洪保安能力，完善了水库安全运行管理设施。

1. 江西省水库淤积现状分析

江西省位于长江以南，气候温和，降水丰沛，多年平均降水量为1341～1934mm，流域内河流众多，含沙量为0.07～0.73kg/m^3，属少沙河流，但降水量季节分布很不均匀，10月至翌年2月的降水量仅占全年降水量的25%左右，3—6月降水量约占全年的55%，而且以大雨、暴雨的形式出现。丰富的降雨和频繁的大雨、暴雨产生了强大的降雨侵蚀力，为水土流失的发生提供了强大的动力源。水库经过40～50年的运行，淤积程度较为严重。通过本次调查发现，截至2011年年底全省共有6376座水库不同程度存在淤积问题，其中大型水库8座，中型水库118座，小（1）型水库959座，小（2）型水库5291座，总淤积量89284万m^3，侵占有效库容74375m^3，侵占比例为6.7%。

通过系统资料调查分析可知，大中型水库虽然数量不多，但不论是库容还是淤积量均远超小（1）型和小（2）型水库，同样，小（1）型水库的库容和淤积量也远大于小（2）型水库。小型水库淤积程度大于大中型水库，而小（2）型水库淤积的比例则略高于小（1）型水库。根据资料，大型水库的年均淤损率为0.20%，中型水库的年均淤损率为0.30%，小型水库由于暂无淤积统计年限资料，不能确定年均淤损率，但水库平均淤损13%左右。

2. 水库淤积原因初步分析

根据江西省水科院提供调查分析资料表明，江西省水库淤积严重的主要原因有如下几点：

（1）水土流失严重。江西省属南方红壤丘陵侵蚀地区，水土流失类型复杂多样。根据江西省第三次土壤侵蚀遥感调查，江西省现有水土流失总面积3.35万km^2，占土地总面积的20.03%，水土流失主要分布在赣江、抚河、饶河、信江、修河五河中上游地区，其中：坡耕地、崩岗、林下水土流失比较严重。大面积的林地、坡耕地、崩岗、沙山存在严重水土流失，现每年直接沉积在鄱阳湖的泥沙达800多万吨，在森林覆盖率60%以上并持续增长的同时，河床淤积和水旱灾害也在加剧。江西省政府公告的水土保持重点预防保护区面积达65153km^2，涉及40多个市、县。一方面，自然因素（如地形条件、土质条件）造成水土流失。江西境内地形地貌复杂多样，中、低山、丘陵、岗阜与盆地交错分布，山地、丘陵面积约占全省土地总面积的78%以上，这种特殊的地形特征强化了地表径流对土壤的冲刷作用，促进了水土流失的发生发展。另一方面，土壤土质因素，红壤土是江西分布范围最广、面积最大的地带性土壤，约占全省土地面积的64.8%，土壤结构松散，酸性大，黏性强，土壤孔隙度小，透水性差，易产生水土流失，形成"晴天一块铜，雨天一泡脓"的现象，如果地表缺少植被覆盖，在径流的冲刷下，极易产生严重的水土流失。

（2）工程措施缺失。由于对河流泥沙特性和运动规律问题认识欠缺，对水利工程传统地按清水河流设计，未置排沙设备，进库泥沙很大部分排不出库外。即使20世纪90年代新建的水库，亦未增建防沙、排沙设施。水库建成运行后，未对进库泥沙做有效防治，也未进行淤积情况监测，水库泥沙淤积不可避免地与日俱增。特别是大部分小型水库集雨面积小，放水设施堵塞，年久失修，淤积程度逐年加剧。

（3）人为因素。在江西，人类经济活动加剧水库淤积。主要表现在以下两个方面：一是乱砍滥伐和陡坡开荒，使库区山坡及森林特别是天然阔叶林、地表植被遭到破坏，失去了水土保持作用，并使地面裸露，直接遭受雨滴的击溅，流水冲刷，从而加剧了水土流入库内；二是开发建设活动的影响，库区内的修路、采矿、取土、工业园区、城市新区建设等对原地貌、土地和植被的扰动与破坏，以及生产建设过程中产生的大量弃土、弃石、弃渣，直接或间接流入库内。

（4）管理体制不顺。目前大部分小型水库属乡管、村管，但基本无专人管，往往水库交由承包人管理。小型水库管理体制没有理顺，国家、集体、承包人三者的职责和义务没有明确界定，导致这些工程建、管、用三位脱节，管理、维护主体缺位。因此造成地方财政无人投入，工程维修资金难落实，承包人和受益区农民又无钱维修。加剧了水库淤积程度。

3. 典型水库淤积调查情况

（1）安义县肖岭水库位于南昌市湾里区太平乡肖岭村，坝址坐落在修河水系潦河支流百里港，集雨面积10.16km^2，总库容665.35万m^3，如图3-4（a）所示。早禾田水库位于安义县太平乡枫林村，集雨面积10.0km^2，总库容169万m^3。据估算，两座水库淤泥高程高于灌溉涵管底8m。

(2) 兴国县长堡水库位于赣江水系平江支流城岗河上，是一座以灌溉为主兼养殖等综合利用效益的小（1）型水库，总库容 188 万 m^3，设计灌溉面积 0.34 万亩，据估算，目前水库坝前最大淤积深度达 8m，库内总淤积量已达 66 万 m^3，其中有效库容淤积量 34 万 m^3，占水库总库容的 35.1%，侵占有效库容的 18.1%。

(3) 信丰县吉塘水库坝址以上控制集雨面积 3.38km^2，总库容 168 万 m^3，设计灌溉面积 3000 亩，是一座以灌溉为主，兼有防洪、养殖等综合效益的小（1）型水库。水库有效库容 129.5 万 m^3，截至 2011 年年底有效库容已经淤积 30%以上，水库供水量远达不到要求，实际灌溉面积不足设计灌溉面积的 50%。

(4) 大余县石门口水库坝址坐落在赣江—章水—章江一级支流大龙山河，坝址以上控制流域面积 31.2km^2，总库容 321 万 m^3，有效库容 153.8 万 m^3，死库容 64.2 万 m^3，水库设计灌溉面积 0.6 万亩，是一座以灌溉为主，兼顾防洪、发电、养殖等综合利用的小（1）型水库。水库始建于 1969 年，1971 年 12 月基本建成蓄水开始发挥效益，据估算，水库坝前最大淤积深度达 15m，库内总淤积量已达 55 万 m^3，其中有效库容淤积量 20 万 m^3，占水库总库容的 17.1%，占有效库容 35.6%。

(5) 贵溪市白岩水库建于 1975 年 10 月，1976 年 4 月竣工发挥效益，如图 3-4（b）所示。该水库位于贵溪市雷溪乡境内，是一座以灌溉为主兼有防洪等综合利用效益的小（1）型水库，水库坝址坐落在信江流域罗塘河支流，控制集雨面积 11.07km^2，总库容为 194 万 m^3，水库有效库容为 184.5 万 m^3，到目前为止有效库容已经淤积 11%，实际有效库容为 164 万 m^3 左右。

(a) 安义县肖岭水库

(b) 贵溪市白岩水库

图 3-4 江西省典型水库现状

（6）余江县马岗水库建于1959年7月，1959年12月竣工发挥效益。该水库位于余江县邓埠镇境内，是一座以灌溉为主兼有防洪等综合利用效益的小（2）型水库，水库坝址坐落在信江流域白塔河支流青田港上，控制集雨面积1.24km^2，总库容为76.8万m^3，水库有效库容76.6万m^3，到目前为止有效库容已经淤积14%，实际有效库容为65.8万m^3左右。

（7）上栗县新坝水库位于上栗镇新坝村，总库容为350万m^3，兴利库容为240万m^3。2008年除险加固过程中发现该水库库区存在比较严重的淤积问题，总淤积量达50万m^3，侵占有效库容49.5万m^3，占有效库容20.63%。

3.1.3 四川省水库泥沙淤积情况

2019年6月开展了四川省水库淤积情势调研，与四川省水利厅农水局、省水科院、资中县水利局、隆昌市水利局等单位人员进行了座谈（见图3-5），了解了四川省整体水库淤积情况和典型水库的淤积情况，以及关于水库清淤方面的真实需求和客观存在的问题。

图3-5 与四川省水利厅农水局、省水科院座谈

四川省是千河之省，水库湖泊众多，全省共有10万m^3及以上水库8148座，总库容648.84亿m^3。其中已建水库8072座，总库容290.20亿m^3；在建水库76座，总库容358.64亿m^3。另外据不完全统计共有塘堰约40万座，总库容25.2亿m^3。四川省水库淤积形式主要有滩涂淤积、库岸淤积和坝前淤积。淤积来源主要包括集雨区水土流失、库岸腐殖植物及漂浮物、上游灌区渠道来水

携带物沉积、城市供水前水库网箱养殖鱼类代谢物沉积等。

根据调查和相关统计数据资料分析，全省水库淤积的普遍情况是规模越小淤积越严重。大型水库淤积量占总库容的3%～6%，中型水库淤积量占总库容的4%～8%，小型水库淤积量占总库容的8%～22%，个别水库甚至高达80%。例如西昌市北河水库，设计总库容98万m^3，经过40多年的运行，目前蓄水库容仅在20万m^3左右，淤积量占设计库容约80%；原控灌面积3700亩，现在仅能灌溉300亩，给灌区群众的生产生活造成了严重的影响。全省塘堰淤积最为严重，淤积量普遍占到总库容的15%～35%，甚至更高。塘堰淤积比较严重的主要原因是由自然因素引起的水土流失和人为因素造成的水土流失以及生产、生活废水、废弃物等，污染物主要是总磷、总氮、高锰酸盐、溶解氧超标，重金属Pb、As、Hg、Cd超标现象也较为普遍。绝大部分农村塘堰几十年以来从未进行过清淤等综合治理，都变成了盘子堰，蓄水能力逐步丧失，农村用水纠纷日益增加。由此可见，部分水库的清淤需求已显得十分迫切和必要。

1. 资中县水库淤积情况

资中县共有水库177座，其中中型水库2座、小（1）型水库33座、小（2）型水库142座。截至2018年年底，全县范围内存在承包养鱼的水库137座。由于长期以来水库推行网箱养鱼、投肥养鱼以提高养殖产量，大多数已承包的水库存在肥水养鱼现象，导致水质普遍较差。从2018年8月和2019年3月两次对全县177座水库水质采样监测分析来看，劣Ⅴ类水质水库较多，水质较差。

资中县高度重视水库水质整改提升工作，现已基本禁止网箱和肥水养鱼，从源头上控制面源污染，并且结合实施病险水库除险加固整治项目，积极探索学习底泥清淤技术与方法。对水库底泥清淤发现主要存在以下几方面问题：

（1）底泥数量大。普遍底泥淤积严重，如龙江水库经专业测量得到总淤积量为513.5万m^3，约占库容的35%以上，严重影响水库效益的发挥；其余小型水库底泥淤积厚度平均为1～2m。

（2）底泥清理作业难度大。目前底泥清淤方式主要分为干式清淤和湿式清淤。干式清淤需放空库水，对水库生态影响较大，如遇降雨量小，水库清淤后不能及时蓄水，容易造成农业生产生活用水困难；还有部分水库运行时间久，放水设施年久失修不能发挥作用，难以全部排放底层水，影响干式清淤的实施效果和难度。湿式清淤需要船只、设备及充足供电等条件，全县水库大多处于山区，还有部分水库未通公路，诸多条件受限，不利于施工作业开展。

(3) 清淤后底泥处理难度大。由于网箱和肥水养鱼等导致库水淤泥产生污染，污染物指标主要有总氮、总磷、化学需氧量等，清淤出来的底泥处理所需费用高，技术性强，如若处理不当，极易造成二次污染。

2. 隆昌市水库淤积情况

隆昌市共有水库41座，其中中型水库2座、小(1)型水库9座、小(2)型水库29座，在建小(2)型水库1座，2座中型水库为饮用水水源地。隆昌水库大多建于20世纪五六十年代，经过几十年的运行，因对外承包后过度养殖导致大量存留物和排泄物混合水流挟带的泥沙沉积在水库，从而造成库底淤积严重。水库、河道泥沙淤积情况主要包括以下几个方面：

(1) 库内泥沙淤积量大。如柏林寺水库，淤积库容占有效库容约25%，已严重影响水库防洪、供水、灌溉效益的发挥；黑水凼水库，坝前泥沙淤积深达4～5m，淤积量约达20万m^3以上；其余小型水库泥沙平均厚度为1～2m。

(2) 水库底泥清淤难度大。结合目前隆昌水库实际情况，通过水库运用方式的调度利用水流冲沙排沙无法实现，仅适宜采取机械清淤措施。机械清淤受制于地形条件、季节天气、船只设备、资金筹措及用电等多方面因素。

图3-6 四川省部分水库现状

（3）清淤后底泥处理困难。清淤后的底泥或污泥处理所需费用高，专业技术性强，转运处理若达不到环保要求，极易造成二次污染。

3.1.4 贵州省水库泥沙淤积情况

2019年8月开展了贵州省水库淤积情势调研，与贵州省水利厅水管局、运管处、水保总站、大坝中心等单位人员进行了座谈（见图3-7），了解了贵州省整体水库淤积情况和典型水库的淤积情况。为下一步更好地开展课题相关研究工作提供了良好的基础条件。

图3-7 与贵州省水利厅水管局、运管处等部门座谈交流

截至2019年6月，贵州省已建成投运水库2626座，总库容464.50亿m^3，其中：大型水库25座，总库容396.7亿m^3；中型水库151座，总库容34.6亿m^3；小（1）型水库623座，总库容18.78亿m^3；小（2）型水库1827座，总库容5.52亿m^3。根据监测运行情况来看，全省18处典型水土流失监测点监测数据分析表明，近年来实际水土流失要明显小于之前的设计或预测值，仅有坡耕地在农耕活动期间略微高一些。总体来看，大型水库淤积程度较轻；中型水库淤积程度虽比大型水库要高，但仍然处于较低水平；主要是小型水库、山塘等，特别是周边坡耕地小（2）型水库是淤积相对比较严重的地方。从区域上来看，贵州东南、中部植被均较好，水土流失程度较轻，水库淤积总体程度较轻；盘县、水县、黔西南毕节、六盘水等石漠化区域水土流失相对严重些，相应的水库淤积程度也要严重些，乌江、红河谷等流域输沙模数达150～200t/km^2；整体上来说，贵州省水库淤积程度不算严重，淤积问题局部比较明显，但总体不是特别突出。

3.1.5 云南省水库泥沙淤积情况

2019年8月开展了云南省水库淤积情势调研，与云南省水利厅工管局、楚雄州水利局等单位人员进行了座谈（见图3-8），了解了云南省整体水库淤积情况和典型水库的淤积情况。

图3-8 与云南省水利厅工管局、楚雄州水利局现场座谈交流

云南省现有登记在册水库7132座，其中大型水库11座，中型水库242座，小（1）型水库1072座，小（2）型水库5807座，很多水库建于20世纪50—60年代，绝大多数已运行超过30年。云南山高坡陡、植被稀疏，而水资源总量变化很大，导致水土流失严重，与此同时水库长时间运行，库区累积淤积严重。云南省非常重视水库清淤工作，并积极利用自筹资金开展部分水库清淤工作，例如保山市隆阳区、施甸县、腾冲县等对所属部分淤积严重的小型水库进行了清淤；昭通鲁甸县砚池山水库于2010年2月实施了清淤工程，清除库区淤泥20余万m^3；玉溪市2009年实施库坝清淤工程325座，其中中型水库1座、小（1）型水库1座、小（2）型水库11座、小坝塘312座；楚雄州近几年来已开展小（1）型以上水库清淤25座，其中中型水库2座，小（1）型水库23座，总库容11297.7万m^3，已淤积库容3219万m^3，约占总库容的28.5%，共清淤161.4万m^3，清淤量非常有限；大理州水库塘坝的淤积情况比较严重，根据长期运行观测情况，目前中型水库淤积总量3599.61万m^3，小（1）型水库淤积总量1547.46万m^3，由于资金困难、清淤条件艰巨，水库清淤情况很不

理想，到目前仅对茈碧湖水库、青海湖水库、品甸海水库做了尝试性的清淤，共清淤137万m^3，仅占淤积总量的3%；文山州由于地方财力有限，据统计全州仅有麻栗坡田冲、关告和马关城子卡等为数不多的小（2）型水库进行过清淤，且为群众出资投劳，到目前全州仅已完成清淤1.61万m^3。由此可见，鉴于州（市）间条件差异和资金不足，仅限于对部分重点和险情重要的水库进行过小规模、局部范围的清淤工作，虽然也产生了一定的效应和效果，但仅解决了少量水库局部问题，绝大部分水库仍然需要进行进一步的清淤综合治理。

图3-9　云南省部分水库现状

云南省水库清淤主要存在以下几方面的问题：

（1）水库多数分布在植被覆盖较差的山区，入库地表水含沙量大，水库淤积现象有逐年严重的趋势，对水库发挥防洪和供水功能和效益造成影响，部分淤积严重的水库实施清淤已十分迫切和必要。

（2）自从农村“两工”制度取消后，各地自发开展水库清淤力度明显降低，而且部分山区水库道路交通不便，清淤成本高、人工投入大，实施水库清淤难度大。

（3）云南属于经济欠发达地区，地方财政困难，能拿出来投入水库清淤的财力资金非常有限，在很大程度上也制约和影响了实施水库清淤工作。

（4）清淤外部环境条件差。90%以上的水库多建于深山峡谷中，交通不便、空间狭小、技术力量薄弱、无专业机械设备，目前很多所进行的仍然是靠人挑马驮来清除部分简单容易实施和险情严重的部位。

结合以上问题有针对性地提出如下几点建议：

（1）全面开展水库清淤调查和清淤工程规划，提前摸清淤积家底，做好前期规划。

（2）争取国家安排专项资金，率先启动实施一批迫切、急需的水库清淤工程建设。

（3）可以因地制宜地结合小型病险水库除险加固、山区小型水利工程建设等综合实施水库清淤。

（4）探索建立水库清淤长效机制，制定相应的财政奖补、税收减免等优惠政策，鼓励受益地区群众及单位组织开展水库清淤，多管齐下，共同促进实现清淤工作常态化和长期化。

3.1.6 青海省水库泥沙淤积情况

2018年9月开展了青海省水库淤积情势调研，分别与青海省水利厅水管处、水文局、水资源局以及工管局等单位人员进行了座谈（见图3-10），了解了青海省的水库分布情况、泥沙来源及水库淤积情况，并开展了现场调查。

图3-10　与青海省水利厅座谈交流

3.1.6.1 区域分布特点

青海省长江、澜沧江及黄河上游植被较好，人类活动对植被影响较小，因此，河流含沙量较小，但又有明显的地区差异。通天河、澜沧江、黄河外斯以上地区，海拔均在4000m以上，河床宽浅，河道比降较小，水流缓慢，谷底有草甸，湿地和沼泽发育，气温低，降水强度小，地下水多以永冻层覆盖，主要外营力为冰冻风化作用，而不是流水剥蚀作用，使之侵蚀作用较小，河流多年平均含沙量小于0.8kg/m^3。

西北诸河柴达木盆地东南部，由于山地石质裸露、气候干燥，在常年西北风的吹蚀下，机械风化强烈，加之地形高差大，河道比降大，流速快，夏季高山冰雪融水和降水集中等原因，使河水含沙量较高，含沙量一般为1.5～3.5kg/m^3。而在柴达木盆地西北河流上游，一般植被较好，河流含沙量较小，在河流中下游，植被较差，加之暴雨在汛期较集中，冲刷强烈，水土流失较为严重，河流出山口以后，随着流域面积的增加，流程的延长，河流的挟沙能力减弱，含沙量明显减少。

黄河流域是青海省含沙量最大的河流，河水含沙量随流程的增大而增加。黄河源区深居青藏高原腹地，地势开阔、平缓，河道弯曲，河谷宽浅，湖泊星罗棋布，沼泽、草甸发育，加之扎陵湖、鄂陵湖的沉淀作用，含沙量较小。黄河在外斯以下进入河南高台山地，由于河流的强烈侵蚀切割，河水含沙量迅速增加，唐乃亥站多年平均含沙量为0.663kg/m^3。黄河茫拉河口以下，湟水西宁以下，河流进入半干旱浅山地带，两岸为黄土沟壑区，地表有大面积疏松、极易侵蚀的第四纪红色岩系覆盖，坡度大，植被亦较差，遇有暴雨洪水，河流水沙俱下，水土流失十分严重，例如湟水支流小南川河王家庄站多年平均含沙量达到12.9kg/m^3，巴州沟西家堡站多年平均含沙量高达23.6kg/m^3。

青海省河流含沙量总的趋势是黄河流域的东部黄土丘陵地区，即黄河外斯以下和湟水西宁以下最大，河流多年平均含沙量为0.122～23.6kg/m^3；西北诸河次之，含沙量为0.359～3.31kg/m^3；长江流域、西南诸河含沙量为0.125～0.762kg/m^3，含沙量最小。

3.1.6.2 主要流域变化特征分析

1. 黄河流域

黄河干流1956—2000年含沙量分布变化过程显示，黄河上游吉迈站略有减少，唐乃亥站总体呈略增趋势，而下游循化站明显呈逐年减小。吉迈站多年月平均含沙量连续最大的3个月为5—7月，月含沙量变化范围为0.017～

0.425kg/m^3；唐乃亥站、循化站多年平均含沙量连续最大的3个月为6—8月，月含沙量变化范围分别为0.019～1.15kg/m^3、0.084～3.50kg/m^3。

湟水流域上游站含沙量小，石崖庄站多年平均含沙量为1.78kg/m^3，西宁站多年平均含沙量为2.45kg/m^3，下游民和站则达到10.2kg/m^3。1956—2000年含沙量趋势在逐渐减小。

2. 长江流域

直门达站作为长江流域泥沙控制站，1956—2000年实测含沙量变化没有明显规律：1956—1979年平均含沙量最小为0.740kg/m^3；1971—2000年平均含沙量次之，为0.754kg/m^3；1980—2000年平均含沙量最大，为0.790kg/m^3；1956—2000年平均含沙量为0.762kg/m^3。多年月平均含沙量连续最大的3个月为6—8月，月含沙量的变化随径流量的增大而增加，多年平均含沙量2月最小，含沙量为0.021kg/m^3，7月最大，含沙量为1.43kg/m^3，最大月值为最小月值的68倍。

3. 西南诸河

香达站1956—2000年含沙量总体上呈逐年减小的趋势。系列多年平均含沙量比较稳定。不同年代年平均含沙量比较，80年代平均含沙量最大，为0.892kg/m^3；50年代、60年代次之，分别为0.789kg/m^3、0.754kg/m^3；70年代、90年代最小，分别为0.642kg/m^3、0.631kg/m^3。

多年月平均含沙量连续最大3个月的含沙量为6—8月。多年平均含沙量12月最小，含沙量为0.010kg/m^3，7月最大，含沙量为1.56kg/m^3，月最大值为月最小值的156倍。含沙量年内分配变化差异较大。

4. 西北诸河

布哈河口、格尔木、德令哈站为西北诸河代表站。1956—2000年格尔木河含沙量总的趋势是逐年减少，布哈河含沙量略减，初步分析是与20世纪90年代暴雨较少，来水偏小有关；其次是90年代在格尔木河上修建了小干沟水库有关。巴音河德令哈站含沙量变化过程不一。对不同系列、不同年代含沙量对照表进行分析，布哈河口站、格尔木站各个系列含沙量数值较为接近，分别为0.457～0.474kg/m^3、3.25～3.45kg/m^3，多年平均含沙量变化较为稳定。

布哈河口站多年月平均含沙量连续最大的3个月为5—7月，月含沙量变化范围是0.002～0.681kg/m^3，格尔木站，德令哈站均为6—8月，月含沙量变化范围分别为0.139～10.1kg/m^3、0～2.13kg/m^3。

3.1.6.3 主要河流输沙量

河流输沙量的大小受河流径流量、流域面积、水流流速、流域下垫面等因素的影响，并与河流径流量、流域面积、水流流速成正比。青海省黄河流域输沙量最大，黄河上游吉迈站多年平均输沙量为 986 万 t，下游循化站多年平均输沙量达到 3489 万 t。黄河一级支流湟水上游石崖庄站多年平均输沙量为 51.6 万 t，西宁站多年平均输沙量为 322 万 t，下游民和站多年平均输沙量则达到 1644 万 t。长江流域多年平均输沙量次之，直门达站多年平均输沙量为 933 万 t。西南诸河香达站多年平均输沙量为 341 万 t。西北诸河多年平均输沙量最小，布哈河口站多年平均输沙量为 35.5 万 t，格尔木站多年平均输沙量为 250 万 t，德令哈站多年平均输沙量为 24.1 万 t。

图 3-11　青海省部分水库现状

3.1.6.4　输沙模数的地区分布

青海省输沙模数的分布特点基本与含沙量一致，黄河流域的东部黄土丘陵地区输沙模数较大，其中黄河流域湟水下游输沙模数最大，长江流域、西北诸河、西南诸河的大部分地区输沙模数较小，黄河流域上游地区输沙模数最小。全省输沙模数分布范围为 5～3500t/km^2。其中，输沙模数大于 2500t/km^2 的地区主要分布在黄河流域一级支流湟水下游乐都至民和的湟水南岸地区。输沙模数在 500～2500t/km² 的地区分布在黄河流域龙羊峡至省界的黄河两岸广大地区，以及湟水大康成川至乐都湟水两岸及乐都至民和的湟水北岸地区。其在行政上主要跨共和、贵德、尖扎、同仁、循化、化隆、湟中、西宁、互助、平安、乐都、民和等县市。输沙模数在 200～500t/km² 的地区有黄河一级支流大河坝河、茫拉河及隆务河中上游流域和湟水西纳川河下游地区。输沙模数在 100～200t/km² 的地区有湟水上游、大通河流域、黄河流域军功至唐乃亥区间、西南诸河全部、西北诸河疏勒河、黑河流域、羌唐高原区、柴达木盆地南部至长江流域北缘的广大地区。输沙模数小于 100t/km² 的地区有长江流域全部、黄河流域上游地区、柴达木盆地、青海湖流域的大部分地区。

3.1.7 山西省水库泥沙淤积情况

2018 年 10 月开展了山西省水库淤积情势调研，与山西省水利厅建管处、工程管理局等单位人员进行了座谈（见图 3－12），了解了山西省整体水库淤积情况和典型水库的淤积情况。

图 3－12 与山西省水利厅座谈交流

截至 2016 年年底，山西省归水利系统管辖的水库共 605 座，总库容 58 亿 m³。外系统管理的 5 座。其中：大型水库 10 座（不含万家寨、龙口），总库容 28.73 亿 m³；中型水库 68 座（不含天桥），总库容 19.93 亿 m³；小型水库 527 座，总库容 9.2 亿 m³，其中小（1）型水库 260 座，总库容 8.25 亿 m³，小（2）型水库 167 座，总库容 0.95 亿 m³。全省大多数水库修建于 20 世纪

50—70 年代，经历多年运行以后，水库存在不同程度的淤积。初步测算，目前全省 605 座水库，水库淤积总量 16.68 亿 m^3，已超过死库容 10.15 亿 m^3，水库死库容已淤满，水库淤积后，兴利库容减少，蓄水量不足，以后会随着水库淤积量的不断增加，蓄水量会不断减少，造成兴利效益难以发挥。

淤积情况比较严重的水库介绍如下。

1. 汾河水库

汾河水库于 1958 年 7 月动工修建，1961 年正式投入使用，总库容 7.33 亿 m^3，如图 3-13（a）所示。水库建成后，由于大量泥沙淤积，造成库容迅速减小。根据汾河水库 1962—2016 年水库入库泥沙实测资料，水库入库总泥沙淤积量为 3.83 亿 m^3（至 2014 年的淤积量为 3.8287 亿 m^3），占总库容的 52.3%。其中：1986 年前（28 年间）的淤积量小计为 3.12 亿 m^3，年平均淤积量为 0.111 亿 m^3，1987—2016 年（30 年）的淤积量小计为 0.71 亿 m^3。年平均淤积量为 0.024 亿 m^3，近年来汾河水库泥沙淤积明显减少。

（a）汾河水库

（b）关河水库

图 3-13 山西省典型水库现状

淤积成因：水库淤积量有 7 个明显峰期，即 1962 年、1967 年、1974 年、1978 年、1982 年、1988 年和 1996 年，其中 1962 年淤积量最大，为 0.602 亿 m^3。1962 年的淤积量为 1958—1961 年的合计，随着时间的推移，累计淤积量增加缓慢。特别是 20 世纪 90 年代以后，出现的峰值仅有一次，发生在 1996 年，为 0.1153 亿 m^3。说明自 20 世纪 90 年代以后，进入汾河水库的泥沙量大大减少。从降水年际变化来看，1967 年、1978 年、1988 年、1996 年等降水量大且集中的年份，年淤积量就大；从降水年份内分配来看，汛期（6—9 月）降水量为全年降水量的 75.1%，其中 7 月、8 月最大，占全年降水量的 48%。汛期来水量约占全年来水量的 60%，汛期来沙量占全年来沙量的 96%。由此可见，降水量大小，特别是汛期降水量及来水量是造成水库淤积的主要因素。但近年来，水库淤积量总体呈减小趋势，暂无需建设拦沙、排沙设施。

2. 册田水库

册田水库位于海河流域，永定河水系，桑干河中游山西省大同县境内，是一座具有供水、灌溉、防洪及养殖等综合利用的大（2）型水库，坝址以上控制流域面积 1.678 万 km^2（占官厅水库以上流域面积的 38.5%），多年平均降水量 420mm，平均径流量 2.22 亿 m^3。水库始建于 1958 年，1960 年拦洪，1970 年进行二期扩建，达到现有规模。水库原设计任务为拦沙、灌溉、防洪，90 年代后，改为防洪、城市与工业供水、灌溉以及保障首都水资源可持续利用等。水库按 100 年一遇洪水设计，2000 年一遇洪水校核，总库容 5.8 亿 m^3（在山西省排名第二）。主要枢纽工程由大坝、正常溢洪道、非常溢洪道、浆砌石重力坝、大同引水洞及闸门启闭设备等组成，整个工程级别为 2 级。截至目前，淤积约 2.7 亿 m^3。

3. 武乡县关河水库淤积情况

关河水库属海河流域浊漳北源干流上的大型年调节大（2）型水利工程，水库于 1958 年 8 月动工兴建，1960 年 9 月建成并投入运行，如图 3-13（b）所示。工程效能是以防洪为主，兼顾工农业用水、发电、养鱼和旅游等综合效益的大型水库。2008—2010 年除险加固后总库容 1.41 亿 m^3。水库运行 50 多年来，由于上游植被不良，水土流失严重，经 2012 年 8 月实测现有死库容 314 万 m^3，汛限库容 1980 万 m^3，兴利库容 3663 万 m^3，到设计洪水位的库容 5681 万 m^3，到校核洪水位的库容 7654 万 m^3，累计淤积量 6575 万 m^3，约占总库容的 47%，1987 年至今的淤积量为 207 万 m^3。

3.2 典型水库淤积调查与分析

3.2.1 三峡水库

长江三峡水利枢纽工程是治理和开发长江的关键性骨干工程，正常蓄水位 175m，库容 393 亿 m^3，其中防洪库容为 221.5 亿 m^3。三峡水库蓄水后，2003—2013 年入库年平均水量和沙量分别为 3582 亿 m^3 和 1.96 亿 t。2003 年 3 月—2013 年 10 月，三峡库区泥沙淤积总量为 16.41 亿 m^3，淤损率为 4.17%，其中干流淤积总量为 14.6 亿 m^3，占总淤积量的 89%，库区支流泥沙淤积量为 1.8 亿 m^3，占总淤积量的 11%。三峡水库年均淤损率为 0.32%～0.38%，平均为 0.35%，见表 3-2。

表 3-2　不同运用时期三峡水库干流库区冲淤量及淤损率统计表

时　段	库区淤积量/亿 m^3	水库淤损率/%	年均淤损率/%
围堰发电期（2003 年 3 月—2006 年 11 月）	5.436	1.38	0.38
初期运行期（2006 年 11 月—2008 年 11 月）	2.502	0.64	0.32
试验性蓄水期（2008 年 11 月—2013 年 10 月）	6.670	1.70	0.34
2003 年 3 月—2013 年 10 月	14.608	3.72	0.35

根据统计资料分析，2003 年 6 月—2012 年 12 月三峡水库干流库区采用输沙量法计算的悬移质泥沙淤积量为 14.37 亿 t，同期库区干流采用断面法计算的泥沙淤积量约为 13.575 亿 m^3，考虑河道采砂、区间来沙、入库推移质、干容重变化及观测误差的影响，输沙法淤积量和断面法淤积量差别不大。

三峡水库根据输沙法计算的逐年淤积量见表 3-3，截至 2017 年年底三峡水库共淤积泥沙 16.69 亿 t，水库排沙比为 23.9%。三峡水库尚处于运行初期，大部分泥沙淤积在库内，但 2012 年以后由于上游水库运用后的拦沙作用，使得三峡水库的入库泥沙量大幅减少，因此库区淤积量明显减少。

表 3-3　三峡水库逐年淤积量统计表（输沙法）

时　段	入库沙量/亿 t	出库沙量/亿 t	库区总淤积量/亿 t	水库排沙比/%
2003 年 6—12 月	2.08	0.84	1.24	40.3
2004 年	1.66	0.64	1.02	38.4
2005 年	2.54	1.03	1.51	40.6
2006 年	1.02	0.09	0.93	8.7
2007 年	2.20	0.51	1.70	23.1
2008 年	2.18	0.32	1.86	14.8
2009 年	1.83	0.36	1.47	19.7
2010 年	2.29	0.33	1.96	14.3
2011 年	1.02	0.07	0.95	6.8
2012 年	2.19	0.45	1.74	20.7
2013 年	1.27	0.33	0.94	25.8
2014 年	0.55	0.11	0.45	19.0
2015 年	0.32	0.04	0.28	13.3
2016 年	0.42	0.09	0.33	20.9
2017 年	0.34	0.03	0.31	9.4
累计	21.93	5.23	16.69	23.9

图3-14 三峡水库现场调查

3.2.2 向家坝水库

向家坝水库位于金沙江下游河段，于2008年截流，2012年10月下闸蓄水。水库总库容51.63亿m^3，正常蓄水位380.0m以下库容49.77亿m^3，调节库容9.03亿m^3。自2008年截流以来，向家坝库区各时间段的冲淤量见表3-4，截至2017年10月，库区共淤积泥沙4408万m^3，占总库容的0.86%。由于上游的溪洛渡水库与向家坝水库投入运用的时间较为接近，上游来沙大部分被拦截在溪洛渡库区，进入向家坝库区的泥沙量较少，因此向家坝水库的淤损率较低，正式蓄水以来的2012—2017年间的淤损率仅为0.78%，在水库运用初期排沙比较小的情况下，年均淤损率低至0.16%。

表3-4 向家坝库区干流河段冲淤变化统计

河段	变动回水区/万m^3	常年回水区/万m^3	库区/万m^3	年均淤损率/%
	永善县—桧溪镇	桧溪镇—新滩坝	永善县—新滩坝	
河段长度/km	33.4	118.9	152.3	
2008年3月—2012年11月	−96	494	398	0.02
2012年11月—2017年10月	−31	4038	4010	0.16
2016年5月—2017年10月	145	1683	1829	0.17
2008年3月—2017年10月	−126	4535	4408	0.09

3.2.3 溪洛渡水库

溪洛渡水库位于金沙江峡谷段，于2007年截流，2013年7月首批机组发电。溪洛渡水库总库容129.1亿m^3，正常蓄水位600m以下库容115.7亿m^3，调节库容64.60亿m^3。溪洛渡库区干流河段冲淤量及淤损率见表3-5，

图 3-15 向家坝库区现场调查

截至 2017 年 11 月，库区共淤积泥沙 46292 万 m^3，占总库容的 3.59%。自 2013 年蓄水至 2017 年 11 月，溪洛渡水库的淤损率为 3.22%，年均淤损率为 0.64%。位于溪洛渡上游的两个梯级电站乌东德和白鹤滩正处于建设过程中，待上游两个梯级电站建成运行后，拦沙作用明显，溪洛渡水库的淤损率将进一步降低。

表 3-5　　溪洛渡库区干流河段冲淤量及淤损率

河　段	变动回水区/万 m^3	常年回水区/万 m^3	白鹤滩—坝址/万 m^3	年均淤损率/%
	白鹤滩—对坪	对坪—坝址		
河长/km	36.0	159.1	195.1	
2008 年 2 月—2013 年 6 月	345	4395	4740	0.07
2013 年 6 月—2017 年 11 月	2812	38740	41549	0.64
2016 年 10 月—2017 年 11 月	321	7980	8301	0.64
2008 年 2 月—2017 年 11 月	3157	43135	46292	0.36

图 3-16 溪洛渡库区现场调查

3.2.4 紫坪铺水库

紫坪铺水库是一个以灌溉、供水为主，结合发电、防洪、旅游等的大型综合利用水利枢纽工程。水库正常蓄水位877m，死水位817m，最大坝高156m。在校核洪水位下总库容11.12亿m^3，正常蓄水位以下库容9.98亿m^3，正常蓄水位至汛期限制水位间库容4.247亿m^3，死库容2.24亿m^3。

紫坪铺水库自2005年以来，总淤损库容1.72亿m^3，总库容淤损14.6%，年均淤损率为1.10%（见表3-6），在水库运行至2008年水库淤损率较低，为0.69%，而2008年地震以后，淤损率明显偏高，2008—2019年年均淤损率为1.22%。

图3-17 紫坪铺水库现场调查

表3-6 紫坪铺水库库容变化及年均淤损率表

年份	有效库容/亿m^3	库容减少/亿m^3	年均淤损率/%
2005	11.12		
2008	10.89	0.23	0.69
2011	10.4	0.49	1.47

续表

年　　份	有效库容/亿 m^3	库容减少/亿 m^3	年均淤损率/%
2013	10.04	0.36	1.62
2014	9.98	0.06	0.54
2015	9.77	0.21	1.89
2019	9.4	0.37	0.83
2005—2019		1.72	1.10

3.2.5 小浪底水库

小浪底水利枢纽是黄河水沙调控的关键工程，其主要功能为治沙防洪，兼顾供水、灌溉、发电等综合利用。工程于1997年截流，1999年10月下闸蓄水运用，2001年年底竣工。水库总库容126.5亿 m^3，正常蓄水位275m以下库容为97.06亿 m^3，调水调沙库容10.5亿 m^3，淤沙库容75.5亿 m^3。小浪底水库1997—2016年库区淤积量为32.62亿 m^3，年均淤损率为1.36%。小浪底水库现处于拦沙后期。

图3-18　小浪底水库现场调查

3.2.6 三门峡水库

三门峡水库是黄河上第一个大型水利枢纽，1960年开始运用，335m高程以下库容为97.5亿m^3。在1960年5月—1964年10月，三门峡水库年均淤损率为9.11%；在1964年10月—1973年10月年均淤损率降低到1.38%，1973年10月—1986年10月水库年均淤损率进一步大幅度降低，只有0.09%；1986年10月—1995年10月水库库容淤损率又有所增大，年均淤损率为1.22%；而1995年以后，水库淤积很少，在1995年10月—2000年10月期间水库年均淤损率只有0.37%，2000年10月—2016年10月水库还发生冲刷，淤损率为负值（见表3-7）。三门峡水库在1960年5月—2016年10月年均淤损率为1.16%。三门峡水库库容淤损主要发生在1973年以前，13年时间淤损库容占总淤损库容的85.2%，而1973—2016年的43年间淤损库容只有总淤损库容的14.8%。

表3-7　三门峡水库不同运用时期库区淤积量和年均淤损率表

不同时段	时段冲淤量/亿m^3						
	1960年5月—1964年10月	1964年10月—1973年10月	1973年10月—1986年10月	1986年10月—1995年10月	1995年10月—2000年10月	2000年10月—2016年10月	1960年5月—2016年10月
时段冲淤量/亿m^3	44.42	12.08	1.151	10.71	1.792	−5.8626	64.304
年均淤损率/%	9.11	1.38	0.09	1.22	0.37	−0.38	1.16

三门峡枢纽经过两次改建，水库运用方式经历了“蓄水拦沙”“滞洪排沙”与“蓄清排浑”控制运用三个阶段。1960—1962年水库采用“蓄水拦沙”方式，全年保持高水位运用，水位高于330m的时间达200d，导致库区泥沙严重淤积，93%的来沙淤积在库内；为缓解水库严重的淤积趋势，1962年3月将水库运用方式改为低水位“滞洪排沙”，汛期水库敞开闸门泄洪，尽量低水位运用，以提高水库的排沙能力，但由于泄流能力不足，排沙效果仍不理想，遂于1964年和1969年底分别对水库进行改建，以扩大泄流规模，1966年7月—1969年12月汛期平均水位为310.01m，潼关以下库区略有冲刷，水库排沙比提高到80.5%，库区仍有相当比例的淤积，1969年12月—1973年10月第二次改建期间，水库水位控制较低，汛期平均水位仅297.92m，库区发生强烈冲刷，全库排沙比增大至105%；1973年底三门峡水库开始实行“蓄清排浑”控

制运用方式，即在汛期7—10月降低水库运用水位至300～305m，充分发挥洪水排沙的作用，在来沙量较小的非汛期则适当蓄水兴利，使库区年内泥沙冲淤基本平衡，水库淤积得到控制。可见，水库运用方式（坝前运用水位）的变化对水库淤积量产生直接影响。

长期来看，三门峡水库的入库水沙量均呈逐渐减少趋势，见表3-8。1960—1973年入库水量为409.04亿m^3，入库沙量14.09亿t，多年平均含沙量34.44kg/m^3；1974—1985年入库水量变化不大，为402.35亿m^3，入库沙量减小到10.46亿t，多年平均含沙量减小到26.00kg/m^3；1986—2000年入库水量减小为253.99亿m^3，入库沙量进一步减小至7.39亿t，多年平均含沙量29.08kg/m^3，比上一阶段略有增大；2001—2015年入库水量比上一阶段略有减小，为235.24亿m^3，入库沙量则大幅减小至2.52亿t，多年平均含沙量降低到10.70kg/m^3。入库沙量的变化一定程度上影响了水库淤积率的变化。

表3-8　　三门峡水库不同运用时期入库水沙量变化表

时　段	1960—1973年	1974—1985年	1986—2000年	2001—2015年	1960—2015年
水量/亿m^3	409.04	402.35	253.99	235.24	319.52
沙量/亿t	14.09	10.46	7.39	2.52	8.42
含沙量/(kg/m^3)	34.44	26.00	29.08	10.70	26.35

图3-19　三门峡水库现场调查

3.2.7 官厅水库

官厅水库于1951年10月动工，1954年5月竣工，是中华人民共和国成立后建设的第一座大型水库。水库设计总库容41.6亿m^3。永定河上游地区水土流失严重，官厅水库的来水来沙特点是水少沙多，而水库采用的是蓄水运用方式，造成严重的泥沙淤积。截至2005年官厅水库的总淤积量为6.5326亿

m^3，淤损率为15.70%，年均淤损率为0.30%。不同时段官厅水库淤积量统计见表3-9。

图3-20 官厅水库现场调查

表3-9 不同时段官厅水库淤积量统计表

时段	淤积量/亿 m^3	淤损率/%	年均淤损率/%
1953—1959年	3.5304	8.49	1.21
1960—1969年	1.4351	3.45	0.34
1970—1979年	0.8951	2.15	0.22
1980—1989年	0.3538	0.85	0.09
1990—1999年	0.3093	0.74	0.07
2000—2005年	0.0089	0.02	0.004
1953—2005年	6.5326	15.70	0.30

3.2.8 白河堡水库

白河堡水库位于密云水库上游白河干流上，坐落在延庆县东北。白河堡水库是北京市海拔最高（输水洞进口底高程578.0m）的水库之一，被誉为“燕山天池”，自2003年以来作为密云水库补水的重要绿色水源基地，每年向密云水库补水2次，年均补水量达1亿 m^3。白河堡水库于1983年竣工，坝高42.1m，坝长300m，控制流域面积（云州水库以下）2657km^2。设计总库容9060万 m^3。兴利库容6920万 m^3。

自水库1983年建设以来未做过清淤治理，来水多年平均含沙量为71.73万t，水库兴利库容逐年减少。至2007年，已累计淤积1326万 m^3，2006年输水隧洞测淤高程为580.47m，超过进口底板高程2.47m，洞口几乎被掩埋；水库的淤积使水库兴利库容减少，输水洞输水能力下降，水库调节能力下降，

图 3-21　白河堡水库现场调查

削减原设计兴利效益 1/3。因泥沙淤积三角洲已推进至输水隧洞断面，输水隧洞附近断面淤积高程已超过输水隧洞底板高程约 2m，对世园会及冬奥会取水和水质安全及供水保证率产生影响。输水含沙量大，造成输水隧洞破坏严重，及输水洞淤积、出口调节池及输水渠道淤积有显著影响。

截至 2015 年年初水库减少兴利库容 2757 万 m^3，年均淤损率为 0.95%，在运行初始阶段 1983—1985 年，年均淤损率为 0.93%，在 2003 年前其他各阶段淤损率有所变化，在 0.42%～0.94%，但 2003 年以后水库淤积大幅度减小，年均淤损率只有 0.087%，见表 3-10。总体来说，水库淤损率与来沙量成正比，一般水库来沙量大，淤损率就高（图 3-22）。

表 3-10　白河堡水库不同时期淤积情况统计表

时段/年	1983—1985	1985—1990	1990—1993	1993—1997	1997—2003	2003—2015
年均水量/亿 m^3	1.15	1.04	0.99	1.16	1.15	0.92
年均来沙量/万 t	79.34	111.57	87.54	80.02	57.85	33.31
库区淤积量/万 m^3	168.74	395.55	186.26	255.38	225.64	94.49
年均淤损率/%	0.93	0.87	0.69	0.94	0.42	0.087

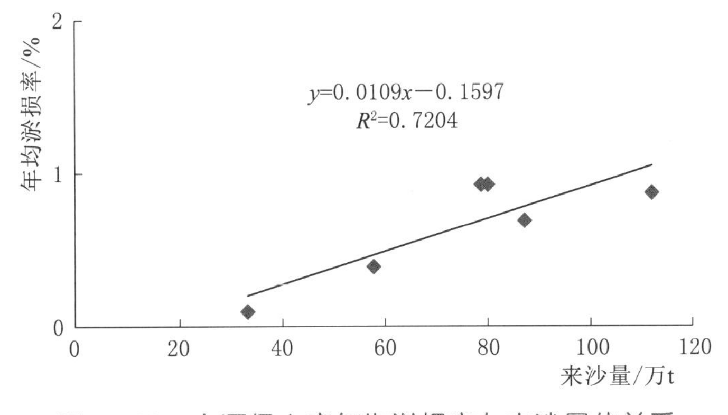

图 3-22　白河堡水库年均淤损率与来沙量的关系

3.2.9 满拉水库

满拉水库是年楚河干流上的一座山谷型水库，位于西藏拉萨江孜县龙马乡境内，大坝位于东经 88°35′，北纬 28°10′，距江孜县 28km，距日喀则市 118km。满拉水库是一座以灌溉、发电为主，兼有防洪、供水、旅游等综合效益的大型水利枢纽，是国家“八五”期间 62 个援藏项目中建设规模最大、经济效益最为显著的工程，也是年楚河流域农业开发的骨干工程。满拉水库通过库容调节，可提高下游江孜至日喀则河段的防洪能力，改善下游部分地区的灌溉、生产和生活用水条件，保护恢复原本脆弱的生态环境。工程于 1994 年 9 月开工建设，1999 年 10 月下闸蓄水，1999 年 12 月首台机组并网发电，2001 年 5 月工程通过验收。

满拉水库正常水位 4256.0m，死水位 4235.0m，总库容 1.55 亿 m^3，正常蓄水位时的水库水面面积为 5.4km^2。水库防洪标准采用 100 年一遇洪水设计，设计洪水位 4257.58m，相应库容 1.408 亿 m^3，相应泄量 286.44m^3/s；按 2000 年一遇洪水校核，校核洪水位 4258.57m，相应库容 1.464 亿 m^3，相应流量为 569.85m^3/s。

根据 1961—1992 年建库前实测资料，入库两条河流之和多年平均径流量约 4.82 亿 m^3，年入库沙量约 150 万 t，即平均流量为 15.3m^3/s，多年平均含沙量为 3.1kg/m^3，含沙量较高。平时较小流量时，水流清澈见底，但遇到暴雨时，可能出现高含沙水流，水流含沙量将远大于 3.1kg/m^3。满拉水库 2001—2014 年年均入库流量变化如图 3-23 所示。

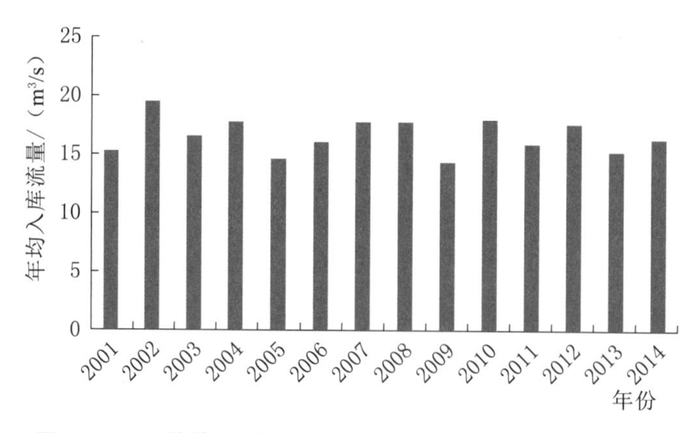

图 3-23 满拉水库 2001—2014 年年均入库流量变化

水库运行以来无入库泥沙实测资料。根据一般天然河道含沙量与流量的关系 $S=kQ^m$，m 为反映水沙搭配关系的指数，对于冲积性河道 m 接近或略小于1，山溪性河道 $m=1.5\sim3$，峡谷性河道更大一些。对以冰川融雪为补给水源的水库，流量集中度高，取 $m=3$ 估算，2001—2014年的年均含沙量约为 3.87kg/m^3，年入库沙量约150万t。

满拉水库设计库容1.55亿 m^3，年均入库泥沙150万t，泥沙干容重按 1.3t/m^3 计，约合115万 m^3，库沙比约135，可以说水库有较大的容沙库容。但由于水库没有任何排沙措施，发电洞与库底距离约40m，发电引水洞的出水基本上为清水，即入库泥沙基本全部淤积在水库中，致使水库1999年10月开始蓄水以来，泥沙淤积也较为严重。

1. 泥沙淤积量估算

由于建库后没有实测水库淤积地形，在此根据入库泥沙粗略估计泥沙淤积量。

水库蓄水以来的年均入库悬沙按2001—2014年资料为每年200万t，1999年10月至2014年末共15年淤积悬沙约3000万t；施工期1994年9月—1999年10月5年按50%淤积比算，悬沙淤积约500万t。库区山高坡陡，沟壑众多，推移质泥沙占的比重较大，推悬比可按15%计算，施工以来20年的推移质泥沙总量约为600万t，这部分泥沙全部落淤。由此估算满拉水库目前淤积4100万t，约合3150万 m^3，总库容损失已达20%左右。

2. 库尾淤积严重、水面面积减小

水库的总体库沙比较大，泥沙淤积主要在库尾。根据2008年9月西藏自治区水文水资源勘测局复核的水位—面积关系，正常蓄水位4256m时的水面面积减少了 1km^2。图3-24为2015年9月龙马河库区淤积情况，库尾淤积较为严重，淤积较厚处高出水面3～5m，初步观测淤积物以粉沙为主。

图3-24　龙马河库区淤积现场调查

2020年7月，通过三维激光扫描技术与水下超声波探测技术等测量水利工程的库区水上、水下地形（图3-24～图3-26），计算满拉水库的当前库容，分析坝前库底淤积情况，为下一步的安全运行提供技术支撑。水下地形测量通过无人船测深技术测量库区水下地形，水上地形测量通过三维激光扫描技术测量库区水面以上地形；整理、分析测量数据，校核水库库容曲线，进行库容核算；与设计库容曲线对比，分析水库的淤积现状。

图3-25 水上地形测量（RIEGL VZ-1000三维激光扫描仪）

图3-26 水下地形测量（无人船测量系统）

将满拉水库不同库水位的库容实测值与设计值进行对比分析，应用库水位—库容设计值拟合函数计算得本水库各特征水位对应的库容设计值和库容实测值，分析水库当前的淤积现状。各特征水位下库容设计值与实测值对比分析统计见表3-11，相应的水位—库容曲线对比分析如图3-27所示。由库容设计值与实测值对比分析结果可知：冰湖溃决洪水位库容实测值为1.16亿m^3，库容设计值为1.56亿m^3，水库淤积百分比达25.81%；正常蓄水位库容实测值为0.95亿m^3，库容设计值为1.32亿m^3，水库淤积百分比达27.79%，库容损失明显，淤积情势比较严重。

表 3-11 满拉水库各特征水位下库容设计值与实测值对比分析统计表

特征水位	特征水位/m	库容设计值/亿 m^3	库容实测值/亿 m^3	库容差值/亿 m^3	淤积百分比/%
死水位	4235.00	0.48	0.27	0.21	43.25
正常蓄水位	4256.00	1.32	0.95	0.37	27.79
设计洪水位	4257.50	1.40	1.02	0.38	27.07
校核洪水位	4258.40	1.45	1.07	0.39	26.65
冰湖溃决洪水位	4260.30	1.56	1.16	0.40	25.81

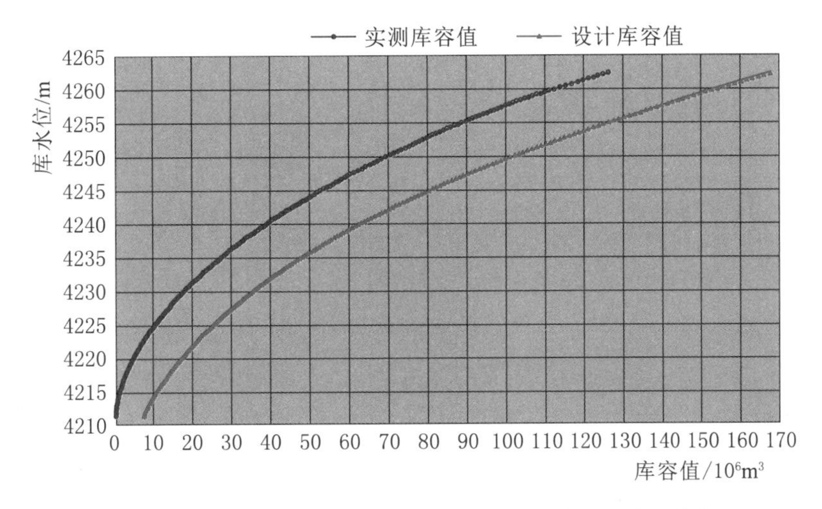

图 3-27 库水位—库容设计值与实测值关系对比分析图

3.2.10 大顶子山水库

松花江大顶子山水库位于哈尔滨市滨州桥以下 70km 处，枢纽控制流域面积 43.2 万 km^2，是一座以航运、发电、交通为主，兼顾防洪、灌溉、渔业、环保、旅游等综合利用的大型航电枢纽（见图 3-28）。坝线总长 3249.78m，总库容 19.97 亿 m^3，水库正常蓄水位为 116m，相应库容 10.59 亿 m^3，汛期限制水位 118m，死水位 115m，死库容 7.16 亿 m^3，兴利库容 3.43 亿 m^3，最大水头 8.7m，额定水头 5.23m，最小水头 2m。总装机容量 66MW，多年平均发电 3.32 亿 kW·h。建设千吨级船闸一座，船闸有效长度 180m，有效宽度 28m，门槛水深 3.5m。上游设计最高通航水位为 116.08m，设计最低通航水位为 113.00m；下游设计最高通航水位为 115.90m，设计最低通航水位为 108.00m。大顶子山航电枢纽的修建渠化上游 128km 航道，彻底改善哈尔滨区段的通航条件，并通过补水调节下游航道流量，保证坝下 550m^3/s 的通航流量（保证率95%）。

大顶子山水库调节库容较小，属径流式航电枢纽，采用非汛期蓄水拦沙、汛期敞泄排沙的运行方式。有电站发电、泄水闸关闭，电站与泄水闸联合运用，电站停机、泄水闸泄洪三种运行方式，即当上游来水量$Q \leqslant 1677m^3/s$时，水流全部由电厂泄出；当上游来水量$1677m^3/s < Q \leqslant 4956m^3/s$时，枢纽上游保持正常蓄水位116m，电站满负荷发电，泄水闸门渐开；当上游来水量$Q >$ $4956m^3/s$时，电站停机。水流全部由泄水闸泄出。

图3-28 松花江大顶子山航电枢纽示意图

大顶子山水库建成运用后，不同程度地改变了河流原有的边界条件和水流条件，以及长期形成的河道冲淤相对平衡状态。由于库区水位抬高，水深加大，流速减缓，水流挟沙能力减弱，含沙量处于超饱和状态，大量悬移质泥沙落淤于库区。2018年三家子站最高水位121.67m，最低水位116.90m，水位变幅在4.77m。最大流量$2840m^3/s$，最小流量$233m^3/s$，平均流量$1030m^3/s$。最大断面平均含沙量$210g/m^3$，最大日平均输沙率422kg/s，年悬移质输沙量267万t。各水文要素均较去年有所降低，进库水量和沙量均有所降低。2018年三家子进库站水文泥沙特征值见表3-12。

坝下站最高水位113.71m，最低水位107.54m，水位变幅在6.12m。最大流量$5450m^3/s$，最小流量$260m^3/s$，平均流量$1390m^3/s$。最大断面平均含沙量$59g/m^3$，最大日平均输沙率242kg/s，年悬移质输沙量79.6万t。各水文要素均较去年有所提高，出库水量和沙量均有所提高。2018年坝下出库站水文泥沙特征值见表3-13。

按照《水库水文泥沙观测规范》的要求，对2008—2018年库区泥沙淤积开展了持续跟踪监测，具体测量成果见表 3－14。

表 3－12　　2018 年三家子进库站水文泥沙特征值表

最高水位/m	最低水位/m	平均水位/m	最大流量/(m³/s)	最小流量/(m³/s)	平均流量/(m³/s)	最大断面平均含沙量/(g/m³)	平均含沙量/(g/m³)	平均输沙率/(kg/s)	最大日平均输沙率/(kg/s)	年输沙量/万 t
121.67	116.90	118.93	2840	233	1030	210	82.1	84.6	422	267

表 3－13　　2018 年坝下出库站水文泥沙特征值表

最高水位/m	最低水位/m	平均水位/m	最大流量/(m³/s)	最小流量/(m³/s)	平均流量/(m³/s)	最大断面平均含沙量/(g/m³)	平均含沙量/(g/m³)	平均输沙率/(kg/s)	最大日平均输沙率/(kg/s)	年输沙量/万 t
113.71	107.54	109.68	5450	260	1390	59	18.3	26	242	79.6

表 3－14　　大顶子山水库淤积量年际变化表

年份	库区淤积量/万 t	入库输沙量/万 t	出库输沙量/万 t	排沙比 η	淤积百分数 λ/%
2008	72.4	150	77.6	0.52	0.48
2009	88.0	299	211	0.71	0.29
2010	44.0	570.7	535.7	0.92	0.08
2011	329	552	223	0.40	0.60
2012	146	307	161	0.52	0.48
2013	−53.9	937.2	991.1	1.06	0.06
2014	371.8	619.3	247.5	0.40	0.60
2015	231.5	303.6	72.1	0.24	0.76
2016	194.1	247.5	53.4	0.22	0.78
2017	204.4	282.7	78.3	0.28	0.72
2018	206.1	293.7	87.6	0.30	0.70

由表可见，从 2007 年水库蓄水至 2018 年期间，只有 2013 年是库区冲刷的，当年是大洪水年，其余年份都是淤积。水库蓄水后，由于水深大，流速变缓，悬移质泥沙开始大量落淤。虽然冲淤交替，但整体上表现为累积性淤积；发生泥沙淤积和河床变形，大都是由于水流不平衡输沙所致。

2008—2009 年水库淤积呈少量增加趋势，这是由于这两年是水库蓄水初期，来水量及来沙量都相对较小，且水库没有加大泄流，入库、出库输沙量均较少，因此库内淤积量较少。2010 年来沙量较大，输沙量也较大，库内淤积量较小，这是由于该年度上游来水量偏多，高水位运行期间，水库38孔闸门全部开启加大泄流，最大泄流量6080m^3/s，冲走大部分泥沙。2011年来沙量较大，输沙量较小，库内淤积量较大，达到329万t，这是由于水库正常蓄水位运行，并没有加大泄流，最大泄流量仅为3700m^3/s，冲走泥沙数量有限。2012年来沙量及输沙量趋于平均水平，淤积量无重大变化，淤积量是146万t。2013年是建库以来的最大洪水年，不仅来沙量大，输沙量也特别大，高水位运行期间使得库区加大泄流，接近天然河流状态，导致库区河床冲刷加剧，坝前段平均冲刷厚度达0.71m。

2014年来水偏高，属于中水年，经过2013年的大洪水，监测测量的断面水下地形数据正好反映了洪水过后的地形变化情况，整体呈现明显的淤积状态，淤积量达到建库以来的最大值371.8万t，2013—2014年库区断面冲淤变化数据对比结果，充分表现了涨水冲刷、落水淤积这一河演规律。2015—2018年期间来沙量及输沙量均趋于平均水平，淤积量无重大变化，淤积量分别为231.5万t、194.1万t、204.4万t、206.1万t。

从现有水库淤积的实测资料分析来看，影响水库淤积量及淤积分布的决定因素，主要是水库的运用方式及库区的地形条件。库区淤积总体呈现为涨冲落淤，即洪水冲刷、枯水淤积。

3.2.11 五强溪水库

五强溪水库位于湖南省怀化市沅水干流下游沅陵县，是沅水上最大的水库（见图3-29）。沅水属于长江流域洞庭湖支流。它控制沅水流域面积的93%，是沅水流域水电梯级开发的骨干电厂，在华中电网的调峰调频方面发挥骨干作用。五强溪水库主要以发电为主，同时兼有防洪、航运等综合效益。该水库最大坝高85.83m，正常蓄水位108m，汛限水位98m，死水位90m，总库容43.5亿m^3，调节库容20.2亿m^3，防洪库容13.6亿m^3，属于季调节水库。它的总装机容量120万kW（5×240MW），多年平均发电量53.7亿kW·h，年利用小时数4475h。五强溪水电站的第一台机组自1994年12月投产使用，船闸于1995年2月左右开始运行，全部机组于1996年12月投入使用，整个枢纽工程于1999年8月竣工并通过验收。

泥沙在库区内淤积时，由于水库库区特性、来水来沙等因素，纵向淤积形态可分为三角洲淤积、带状淤积、锥形淤积三种淤积形态。根据泥沙数据，五强溪水库的泥沙淤积类型初步判断为三角洲淤积形态，坝前淤积段、异重流过渡段淤积逐年相对均匀递增，且淤积不连续，高水位泥沙淤积区出现小型的新淤积段，其前坡段、顶坡段、尾部段泥沙淤积增长相对较缓。不考虑数据误差等因素，五强溪水库的泥沙多淤积在低中水位，高水位可以冲击带走部分泥沙。水库的泥沙淤积可能对水库的特征水头、入库回水等产生影响。

图 3-29　五强溪水库

根据五强溪水库 2005—2015 年的水库水位和库容数据，绘制出水库库容一水位曲线，如图 3-30 所示。为了研究泥沙对水库的具体影响，根据库区逐年泥沙数据绘制出五强溪水库 2005—2015 年泥沙淤积图，如图 3-31 所示。由图可见，除了 2005 年、2008 年泥沙淤积量较少以外，五强溪水库的年度泥沙淤积量基本保持稳定，年度淤积量保持在 0.016 亿～0.088 亿 t，累计泥沙淤积量也呈现逐步增长的趋势，累计淤积量达 0.57 亿 t。

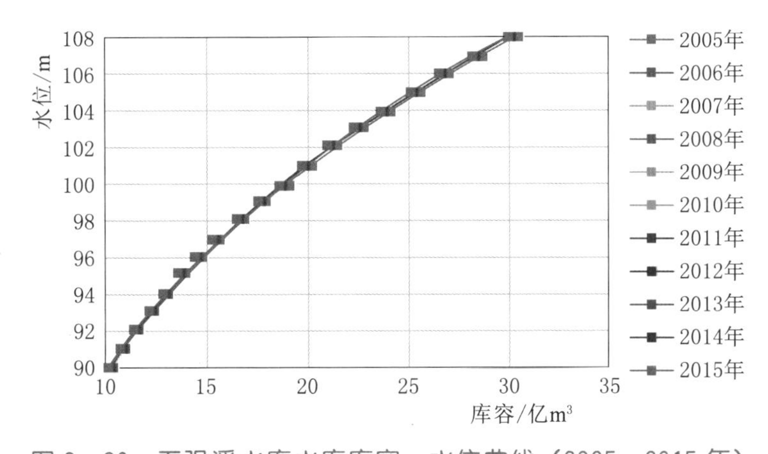

图 3-30　五强溪水库水库库容—水位曲线（2005—2015 年）

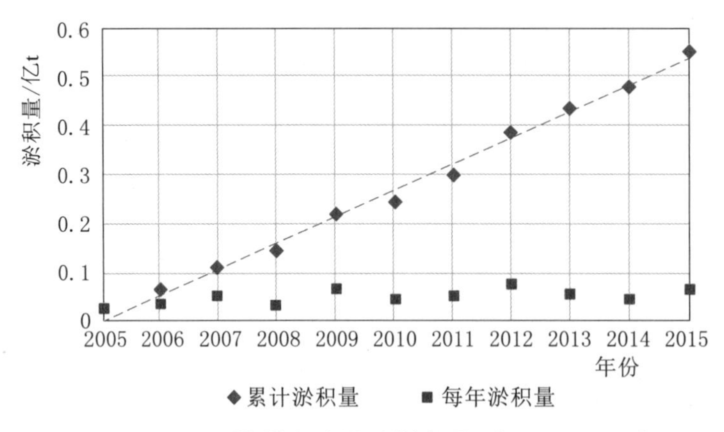

图3-31 五强溪水库泥沙淤积图（2005—2015）

五强溪水库的库容呈现不断缓慢减小的趋势，均小于水库设计值，且不同水位对应的水域面积不同幅度的减小，水库水域面积的整体增长趋势基本保持不变，水库库容变化趋势与水域面积变化趋势一致。截至2015年，五强溪水库的有效库容由原来的20.11亿m^3降为19.56亿m^3，水库库容减少约2.73%。由此可见，五强溪水库的泥沙增量在低水位区间涨幅明显，在高水位时变化不大，五强溪水库的泥沙多淤积在低中水位，高水位冲击带走部分泥沙。

水库淤损影响因素分析

4.1　水库淤损影响因子相关性分析

通过调查收集得到全国 6702 座水库的指标数据，计算表征水库淤损特征的两个指标：水库淤损率、水库年均淤损率，依次表征水库的淤损现状及淤损速率。本章考虑对水库淤损特征可能存在影响的参数为流域类型、总库容、有无排沙设施、淤积统计年限、年均入库水量、库沙比、年均入库沙量。通过分析淤损率、年均淤损率与以上 8 个参数的相关性，分别确定淤损率、年均淤损率的关键影响因子。分析过程中为得到统一量化结果，对流域类型进行编号：长江流域—1；黄河流域—2；黑龙江流域—3；珠江流域—4；辽河流域—5；海河流域—6；内陆河—7；国际河流—8。对有无排沙设施进行如下量化：将有排沙设施记为数字“1”，无排沙设施记为“0”。

4.1.1　相关性分析方法

由于统计信息包含的水库样本量众多，变量数据包含非连续型数据，且各变量内部数据的差异性较大，无法确定各变量分布特征是否满足正正态分布。因此选择非参数化的 Spearman 相关系数（斯皮尔曼等级相关系数）计算方法，依次分析水库淤损率、年均淤损率与各变量相关关系。Spearman 相关系数法通过对变量包含数据进行等级排序，然后再以变量内各样本对应的等级/秩进行相关性研究，能够有效降低数据异常分布对相关性带来的误差。基于 Spearman 相关系数法的计算原理，确定其计算步骤如下：

(1) 计算相关系数 ρ:

$$\rho=\frac{\sum_{i=1}^{m}(x_i-\bar{x})(y_i-\bar{y})}{\sqrt{\sum_{i=1}^{m}(x_i-\bar{x})^2(y_i-\bar{y})^2}} \tag{4-1}$$

$$t=\frac{\sqrt{n-2}}{\sqrt{1-\rho^2}} \tag{4-2}$$

式(4-1)中 i 表示用于分析的水库样本数量,x、y 分别表示用于分析的两个变量,$\bar{x}$ 与 $\bar{y}$ 分别表示所有样本中 x、y 对应的平均值。式(4-2)中 t 为相关系数 ρ 的 T 双尾检验值,用于检验两变量是否存在相关性,根据概率统计原理,当 t 小于 0.05 时可认为两变量存在显著相关性,大于 0.05 即两变量不存在显著关系。

(2) 样本相关系数排序。根据式(4-2)筛选 t 值小于 0.05 的变量作为影响因子,再对影响因子包含的样本数据进行降序排列,并将样本排序编号作为样本的等级/秩记为 d。

(3) 计算 Spearman 相关系数 r:

$$r=1-\frac{6\sum_{i=1}^{n}d_i{}^2}{n(n^2-1)} \tag{4-3}$$

式(4-3)中 d_i 为每对观测值(x_i,y_i)的秩之差。通过分析 r 的正负及大小即可判定不同指标与淤损率、年均淤损率的相关性程度。当 r 大于 0 时表示该指标与判断指标(淤损率或年均淤损率)存在正相关关系,当 r 小于 0 则表示存在负相关关系。$|r|$ 越趋近于 1 时,说明两变量间的相关性越强,$|r|$ 小于 0.3 时两变量的相关性较低,$|r|$ 在 0.3~0.5 范围内变量相关性较高,当 $|r|$ 大于 0.8 时两变量相关性极高。

4.1.2 影响因子相关性计算分析

根据 Spearman 相关系数法计算水库淤损率、年均淤损率依次对应的影响因子,计算结果分别见表 4-1 和表 4-2。

表 4-1 水库淤损率相关性计算分析

淤损率/%	总库容/万 m^3	有无排沙设施	年均入库水量/亿 m^3	库沙比/%	年均入库沙量/亿 t
Spearman 相关系数 r	-0.279	0.057	-0.178	-0.811	0.292

表 4-2　水库年均淤损率相关性计算分析

年均淤损率/%	总库容/万 m^3	有无排沙设施	水库淤积年限/年	年均入库水水量/亿 m^3	库沙比/%	年均入库沙量/亿 t
Spearman 相关系数 r	−0.320	0.046	−0.409	−0.084	−0.941	0.369

由表 4-1 可知，与水库淤损率存在显著关系的参数包含：总库容、有无排沙设施、年均入库水量、库沙比、年均入库沙量。其中有无排沙设施、年均入库沙量与淤损率存在正相关关系；总库容、年均入库水量、库沙比与淤损率存在负相关关系。由 Spearman 相关系数 r 的绝对值判断不同因子对淤损率的影响程度，得到淤损率影响因子排序：库沙比＞年均入库沙量＞总库容＞年均入库水量＞有无排沙设施，其中库沙比与淤损率相关性极高（$|r|>0.8$），说明水库淤损率主要受库沙比影响。

由表 4-2 知，水库年均淤损率的显著相关参数为：总库容、有无排沙设施、水库淤积年限、年均入库水量、库沙比、年均入库沙量。其中总库容、水库淤积年限、年均入库水量、库沙比与年均淤损率存在负相关关系；有无排沙设施、年均入库沙量与年均淤损率存在正相关关系。根据 r 绝对值对年均淤损率的影响因子进行排序：库沙比＞水库淤积年限＞年均入库沙量＞总库容＞年均入库水量＞有无排沙设施。其中库沙比与年均淤损速率相关性极高（$|r|>0.8$），说明年均淤损速率主要由库沙比决定。

综上分析表明，水库年均淤损率是反映水库在某一个时段内年平均库容损失程度的指标，主要与库沙比（总库容/年均入库沙量）、水库运用方式、入库水沙过程、水库运行阶段密切相关。

4.2　库沙比

库沙比是指水库总库容与年均入库沙量的比值，是衡量水库库容相对入库泥沙大小的重要指标。通常情况下，水库库沙比越大，水库年均淤损率越小。表 4-3 和图 4-1 给出了长江三峡水库、金沙江溪洛渡水库、向家坝水库、永定河官厅水库、黄河小浪底水库、海勃湾水库的年均淤损率变化。6 个水库均处于运用初期，运用方式基本上都是“蓄清排浑”运用。由表 4-3 可见，向家坝水库总库容为 51.6 亿 m^3，2013—2017 年年均入库沙量为 0.034 亿 t，库沙比高达 1509.6，水库年均淤损率仅为 0.16%；三峡水库总库容为 393 亿 m^3，2003—2016 年年均入库沙量为 1.54 亿 t，库沙比为 255.0，水库年均淤损率为0.25%；溪洛渡水库总库容为129.1亿m^3，2013—2017年年均入库沙量为0.83亿t，库沙比为155.4，水库年均淤损率为0.64%；官厅水库总库容为41.6亿m^3，1953—1959年年均入库沙量为0.70亿t，库沙比为59.1，水库年均淤损率为1.21%；小浪底水库总库容为126.5亿m^3，1999—2016年年均入库沙量为2.93亿t，库沙比为43.1，水库年均淤损率则为1.36%。小浪底水库库沙比仅为向家坝水库的2.9%、三峡水库的16.9%和溪洛渡水库的34.4%，而年均淤损率却是向家坝水库的8.5倍、三峡水库的5.4倍和溪洛渡水库的2.1倍；海勃湾水库总库容为4.87亿m^3，2014—2016年年均入库沙量为0.36亿t，库沙比为13.5，水库年均淤损率却高达6.10%。

表4-3　不同库沙比水库年均淤损率变化

水库名	总库容/亿m^3	时　段	年均入库沙量/亿t	库沙比	年均淤损率/%
向家坝	51.6	2013—2017	0.034	1509.6	0.16
三峡	393	2003—2016	1.54	255.0	0.25
溪洛渡	129.1	2013—2017	0.83	155.4	0.64
官厅	41.6	1953—1959	0.70	59.1	1.21
小浪底	126.5	1999—2016	2.93	43.1	1.36
海勃湾	4.87	2014—2016	0.36	13.5	6.10

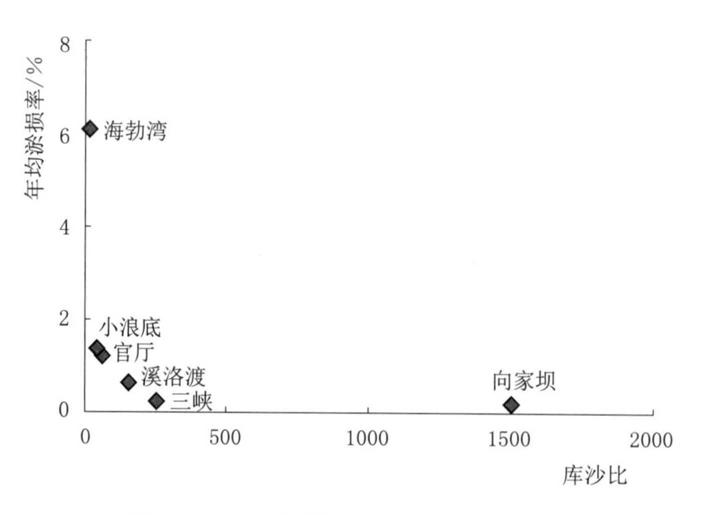

图4-1　水库淤损率与库沙比的关系

4.3　水库运用方式

水库年均淤损率与水库的运用方式密切相关。水库采取有利的排沙运用方式，水库的淤积量较少，年均淤损率也较小。表4-4给出了三门峡水库不同运用方式水库年均淤损率变化。由表4-4可见，1960年9月—1962年5月，三门峡水库采取“蓄水拦沙”运用方式，全年保持高水位运用，水位高于330m的时间达200天，导致库区泥沙严重淤积，93%的入库泥沙淤积在库内，该时期水库年均淤损率高达11.7%；1962年5月—1973年10月，三门峡水库采取“滞洪排沙”运用方式，水库汛期敞泄，尽量低水位运用，以提高水库的排沙能力。但由于泄流能力不足，排沙效果仍不理想，水库年均淤损率仍达3.2%；1973年10月—1986年10月，三门峡水库采用“蓄清排浑”运用方式，即在汛期7—10月降低水库运用水位至300～305m，充分发挥洪水排沙的作用，在来沙量较小的非汛期则适当蓄水兴利，使年内库区泥沙冲淤基本平衡，水库淤积得到有效控制，该时期水库年均淤损率仅为0.02%。

表4-4　三门峡水库不同运用方式水库年均淤损率变化

总库容/亿 m^3	时　段	水库运用方式	淤积量/亿 m^3	年均淤损率/%
97.5 （335m高程以下）	1960年9月—1962年5月	蓄水拦沙	17.96	11.7
	1962年5月—1973年10月	滞洪排沙	35.36	3.2
	1973年10月—1986年10月	蓄清排浑	0.256	0.02

4.4　入库水沙过程

入库水沙过程也是影响水库年均淤损率的重要因素。三门峡水库采取“蓄清排浑”运用方式的1973年11月—1986年10月和1986年11月—2000年10月两个时段，入库水沙过程及年均淤损率变化见表4-5。由表4-5可见，1973年11月—1986年10月，水库年均入库水量为402.35亿 m^3，年均入库沙量为10.46亿t，年均含沙量为26.0kg/m^3。汛期水量占年水量的比例为59.1%，汛期平均含沙量为37.3kg/m^3；而1986年11月—2000年10月，年均入库水量减小为253.99亿 m^3，年均入库沙量减小为7.39亿t，年均含沙量则略有增大为29.1kg/m^3。由于龙羊峡水库投入运用，改变了年内水沙分配，汛期水量占年水量比例则减少为46.4%，汛期平均含沙量达47.4kg/m^3。两个时段比较，前一时段的水量明显大于后一时段的水量，而主要来沙期汛期的含沙量，前一时段则比后一时段小约10kg/m^3。水库年均淤损率前一时段只有0.02%，后一时段则为0.92%，这一结果表明，大水小沙这样有利的水沙条件下，水库年均淤损率较小。

表 4-5　　三门峡水库不同入库水沙过程水库年均淤损率变化

总库容/亿 m³	时　段	年均入库水量/亿 m³	年均入库沙量/亿 t	年均含沙量/(kg/m³)	汛期平均含沙量/(kg/m³)	汛期水量占年水量/%	年均淤损率/%
97.5 (335m 高程以下)	1973 年 11 月—1986 年 10 月	402.35	10.46	26.0	37.3	59.1	0.02
	1986 年 11 月—2000 年 10 月	253.99	7.39	29.1	47.4	46.4	0.92

图 4-2 给出了三峡水库年淤损率与年入库沙量的关系。由图 4-2 可见，水库年淤损率与年入库沙量有较好的相关关系，入库沙量大，年淤损率就大。

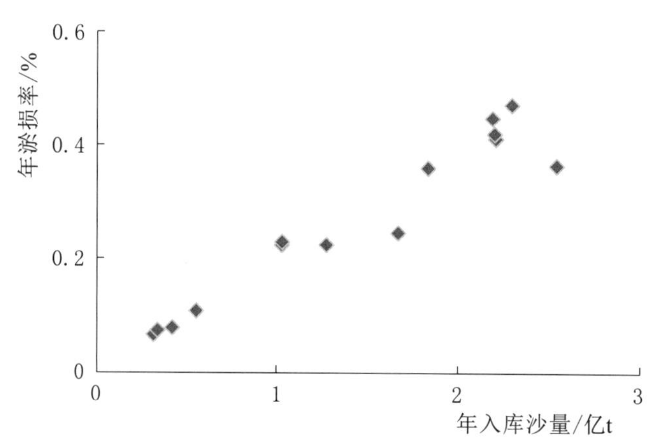

图 4-2　三峡水库年淤损率与年入库沙量的关系

4.5　水库运用阶段

一般而言，水库运用初期，由于库区过水面积较大、流速较低，水流输沙能力较小，泥沙不易到达坝前排往下游，库区淤积泥沙较多，水库年均淤损率相对较高；而水库运用后期，由于库区泥沙淤积，库区过水面积减小、流速增加，水流输沙能力提高，泥沙容易到达坝前排往下游，库区淤积泥沙减少，水库年均淤损率则相应较低。以黄河三门峡水库和小浪底水库为例（见表 4-6），两者都位于黄河中游下段，均采用“蓄清排浑”运用方式，年均淤损率统计时段也基本相同。由表 4-6 可见，由于三门峡水库处于运用后期，水库年内已基本冲淤平衡，2000 年 10 月—2016 年 10 月，水库发生了冲刷，年均淤损率为 -0.38%；位于三门峡水库下游的小浪底水库处于运用初期，入库泥沙基本淤积在库内，1999 年 10 月—2016 年 10 月期间，年均淤损率则为 1.36%。

表 4-6　　水库不同运用阶段年均淤损率变化

水　库	时　段	水库运用阶段	年均淤损率/%
三门峡	2000年10月—2016年10月	运用后期	−0.38
小浪底	1999年10月—2016年10月	运用初期	1.36

就水库本身来说，在不同运用阶段，年均淤损率也不同。总体来讲，在水库运行初期，年均淤损率较大；在水库运行后期，年均淤损率逐渐较小。表4-7给出了三门峡水库不同运用时期水库年均淤损率变化。由表4-7可见，在三门峡水库运行初期的1960年5月—1964年10月时段，水库年均淤损率为9.11%；而在之后的1964年10月—1973年10月、1973年10月—1995年10月、1995年10月—2000年10月和2000年10月—2016年10月四个时段，则较小，分别为1.38%、0.55%、0.37%和−0.38%。官厅水库也有与三门峡水库类似的变化，表4-8给出了官厅水库不同运用时期水库年均淤损率变化。由表4-8可见，在建库初期，年均淤损率较高，1953—1959年为1.21%；在1960—1970年和1970—1980年两个时段，年均淤损率分别为0.34%和0.22%；在1980—1990年和1990—1997年两个时段，年均淤损率只有0.1%左右，而在1997—2017年，年均淤损率仅0.01%。当然，水库不同时段年均淤损率变化除受水库运用阶段影响外，还受水库运用方式、入库水沙条件的影响，但水库年均淤损率随水库运用年限增加而逐渐减小的趋势是存在的。

表 4-7　　三门峡水库不同运用时期年均淤损率

项　目	时　段					
	1960年5月—1964年10月	1964年10月—1973年10月	1973年10月—1995年10月	1995年10月—2000年10月	2000年10月—2016年10月	1960年5月—2016年10月
冲淤量/亿 m^3	44.42	12.08	11.86	1.792	−5.8626	64.304
年均淤损率/%	9.11	1.38	0.55	0.37	−0.38	1.16

表 4-8　　官厅水库不同运用时期年均淤损率

项　目	时　段						
	1953—1959年	1960—1970年	1970—1980年	1980—1990年	1990—1997年	1997—2017年	1953—2017年
冲淤量/亿 m^3	3.53	1.435	0.895	0.354	0.293	0.052	6.559
年均淤损率/%	1.21	0.34	0.22	0.09	0.12	0.01	0.25

我国水库淤损情况分析

5.1 水库淤积资料基本情况

反映水库淤损情况可以用淤损率和年均淤损率来表示，淤损率是指累积淤积量与总库容之比，表征水库淤积的严重程度；年均淤损率是指年均淤积量与总库容之比，表征水库淤积快慢。

为了分析全国水库淤积情况，调查收集了全国 6702 座水库泥沙淤积资料，其中约 90%的水库淤积资料年份统计到 2016—2018 年，其余部分水库在其他年份。收集的水库基本涵盖 7 大流域，总库容 2342.04 亿 m³，见表 5-1。其中大型水库 131 座，库容 2142.51 亿 m³，约占总库容的 91.5%；中型水库 580 座，

表 5-1　　不同流域大中小型水库库容分布情况表

流域名称	小计		大型水库		中型水库		小型水库	
	数量/座	库容/亿 m³	数量/座	库容/亿 m³	数量/座	库容/亿 m³	数量/座	库容/亿 m³
海河	82	254.65	27	237.87	47	16.74	8	0.03
松辽	156	70.21	12	57.18	32	10.50	112	2.53
淮河	4	57.11	4	57.11				
黄河	281	431.42	31	410.32	44	16.15	206	4.95
长江	5740	1235.11	38	1103.55	409	99.30	5293	32.25
珠江	55	259.41	13	256.36	7	2.78	35	0.27
其他	384	33.99	6	20.10	41	9.63	337	4.25
合计	6702	2342.04	131	2142.51	580	155.10	5991	44.28

库容 155.10 亿 m^3，约占总库容的 6.6%；小型水库 5991 座，库容 44.28 亿 m^3，约占总库容的 1.9%。

5.2 水库淤损率情况

根据上述水库淤积基本资料，总淤损库容约 264.2 亿 m^3，各大流域淤损情况如图 5-1 所示，其中黄河流域淤损率最高，达 36.76%，淮河、长江和珠江流域淤损率较小，在 3.29%～4.24%；其他流域淤损率在 8.02%～12.31%。全国水库平均淤损率为 11.28%。

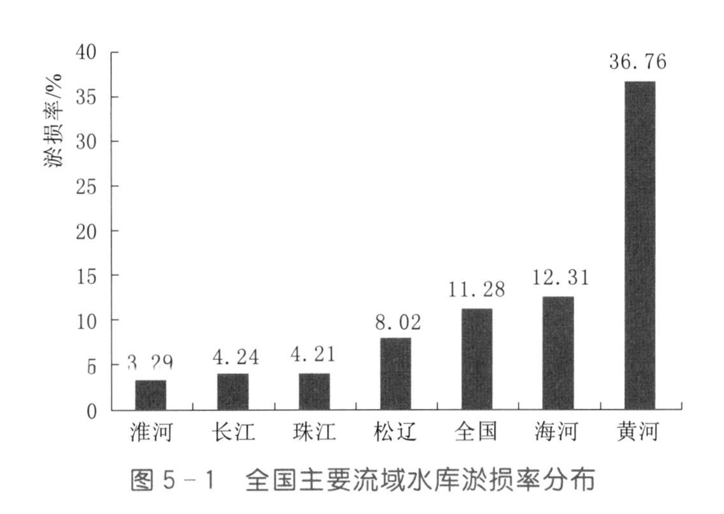

图 5-1 全国主要流域水库淤损率分布

图 5-2 给出了水库不同淤损率分布，从图 5-2 可以看出，淤损率超过 60%的水库数量占总水库的 2%左右；差不多一半的水库淤损率超过 11%，和全国水库平均淤损率基本一致。

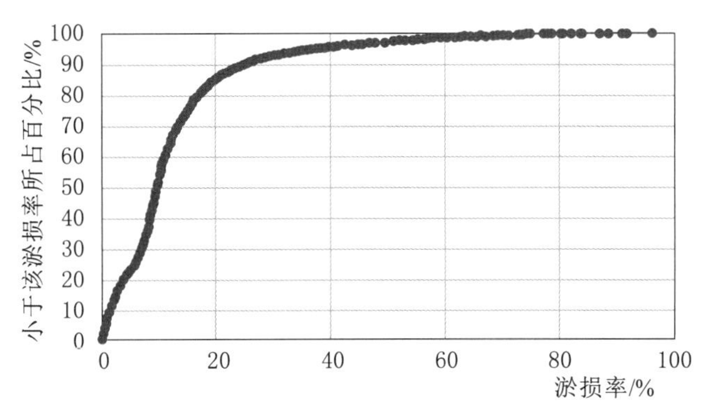

图 5-2 全国水库不同淤损率分布图

5.3 水库年均淤损率

5.3.1 水库年均淤损率的计算方法

单座水库年均淤损率，即

$$R_{ij}=\frac{\Delta V_{ij}}{V_{ij}t_{ij}} \tag{5-1}$$

式中：R_{ij}为i流域第j座水库的年均淤损率；ΔV_{ij}为i流域第j座水库在统计时间内的淤损库容；V_{ij}为i流域第j座水库总库容；t_{ij}为i流域第j座水库的淤积统计时间（以年为单位）。

全国水库年均淤损率存在两种计算方法：直接法及库容加权平均法。直接法即资料中水库年均淤积量累积值与水库累积库容比值，计算公式如下：

$$R_i{}'=\frac{\sum_{j=1}^{m_i}R_{ij}V_{ij}}{\sum_{j=1}^{m_i}V_{ij}} \tag{5-2}$$

$$R'=\frac{\sum_{i=1}^{n}\sum_{j=1}^{m_i}R_{ij}V_{ij}}{\sum_{i=1}^{n}\sum_{j=1}^{m_i}V_{ij}} \tag{5-3}$$

式（5－2）和式（5－3）中：$R_i{}'$为流域i水库年均淤损率；R'为直接法计算的全国水库年均淤损率；n为流域数量；m_i为i流域内收集淤积资料的水库数量。

库容加权平均法，即将式（5－2）得到的流域水库年均淤损率与按照全国第一次水利普查的各流域的水库库容，进行加权平均后得到全国水库年均淤损率，计算公式如下：

$$R''=\frac{\sum_{i=1}^{n}R_i{}'V_i{}'}{\sum_{i=1}^{n}V_i{}'} \tag{5-4}$$

式中：$V_i{}'$为根据第一次全国普查资料统计的流域i对应的该流域所有水库总库容；R''为库容加权法计算的全国水库年均淤损率。

5.3.2 水库年均淤损率情况

根据以上调查收集的全国6702座水库泥沙淤积资料，计算得出总的年均淤损率约为0.49%；各流域水库淤损率情况见表5-2和图5-3，各流域年均淤损率差别大，在0.07%～1.40%。其中长江流域统计了5740座水库，水库淤损率为0.25%；黄河流域统计了281座水库，水库淤损率为1.40%。根据库容加权法，利用以上得到的各流域年均淤损率与全国各流域总库容，估算出全国各流域年均总淤损库容，然后根据全国各流域年均总淤损库容和总库容得到全国水库年均淤损率约为0.41%。

表5-2 主要流域水库淤积情况表

流域	总库容/亿 m^3	统计库容/亿 m^3	统计库容占比	年均淤损率/%
松辽	1067	70.39	6.60	0.35
海河	332	254.65	76.70	0.37
黄河	906	431.42	47.62	1.40
淮河	508	57.11	11.24	0.07
长江	3607	1235.22	31.80	0.25
珠江	1511	259.41	17.17	0.29

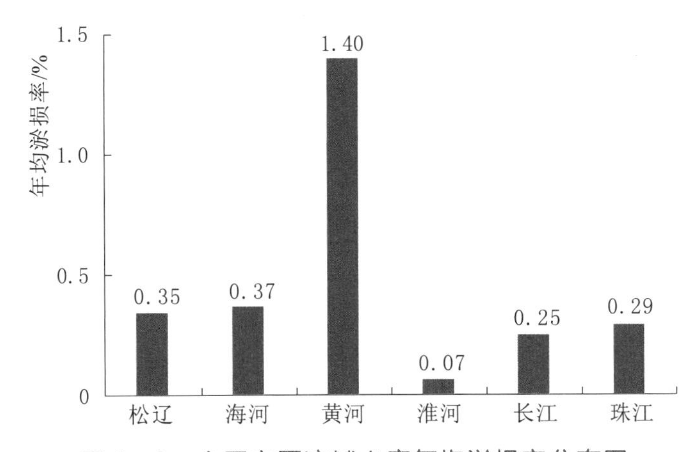

图5-3 全国主要流域水库年均淤损率分布图

5.4 大、中、小型水库年均淤损率

根据已调查收集的全国6702座水库泥沙淤积资料，按照不同流域大、

中、小型水库淤积情况分类进行了统计分析，不同流域大、中、小型水库淤损率分布和年均淤损率分布分别见图 5-4 和图 5-5。由图可见，我国典型大、中、小型水库的淤损率分别为 11.38%、9.36%、13.14%，年均淤损率分别为 0.50%、0.38%、0.63%；大型水库虽然数量占比最小，但总库容占比明显最大且总淤损库容占比也相对较大，总体来看年均淤损率为小型水库相对较大、大中型水库相当。北方河流水系的水库淤损率普遍高于南方河流水系，长江流域典型大、中、小型水库年均淤损率分别为 0.25%、0.20%、0.41%，黄河流域典型大、中、小型水库年均淤损率约为 1.40%、1.29%、1.92%，黄河流域大型水库年均淤损率约为长江流域的 6 倍；松辽流域典型大、中、小型水库年均淤损率约为 0.29%、0.54%、0.95%。

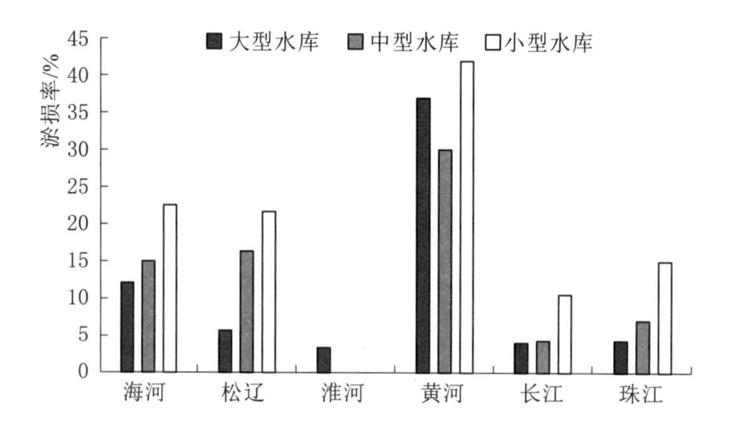

图 5-4　不同流域大、中、小型水库淤损率分布图

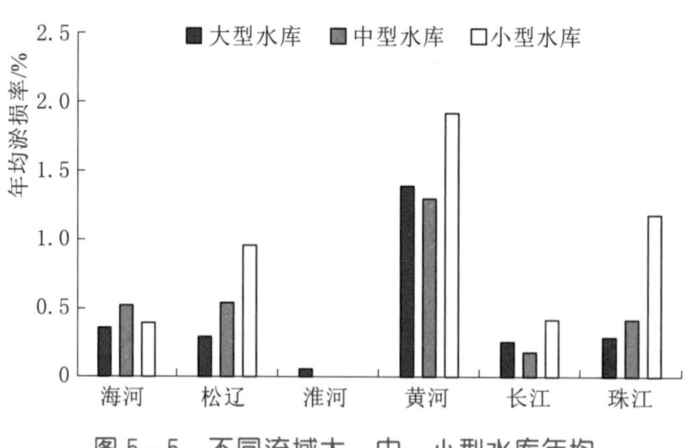

图 5-5　不同流域大、中、小型水库年均淤损率分布图

5.5 水库淤积分类

5.5.1 分类方法

K 均值聚类是基于 k 个聚类数目的条件下，不断优化聚类中心以达到最佳聚类效果的分类方法。由逐步回归方法确定分类对象的 j 个影响因素，构建原始数据矩阵空间。为减少随机变量对聚类结果的干扰，聚类前首先对原始向量矩阵进行标准化处理。

$$x_{ij}'=\frac{x_{ij}-\overline{x}_j}{s_j} \tag{5-5}$$

式中：x_{ij}'为样本 i 第 j 个变量的标准化值；$\overline{x}_j$ 为变量 j 的平均值；s_j 为变量 j 的标准差。之后随机给出 k 个初始聚类中心向量矩阵 v，分别计算各个样本到 k 个聚类中心的欧式距离 d_{ik}，由最小距离原则产生聚类结果。

$$d_{ik}=\sum(x_{ij}-v_{kj})^2 \tag{5-6}$$

式中：v_{kj} 为第 k 个聚类中心的第 j 个变量值。得到初次聚类结果后，再将每类样本变量的平均值作为聚类中心，得到对应新的聚类结果。结合目标函数 I_m（x，v），用最小二乘法原理找出最优聚类中心，直至目标函数达到最小。

$$I_m(x,v)=\sum_{p=1}^{k}\sum_{x=1}^{n}\|x_i-v_p\|^2 \tag{5-7}$$

5.5.2 水库淤积分类

根据式（5－7）计算得到水库淤积聚类中心，结果见表 5－3。将相邻两个聚类中心的淤损率计算平均值，即可得到水库淤积分类标准（见表 5－4）。从表 5－4 可知，我国水库总体淤积情况可分为三类：水库淤损率大于 37.85%为严重淤积；淤损率为 14.33%～37.85%为中度淤积；淤损率小于 14.33%称为轻度淤积。我国水库淤积速率的分类结果为：年均淤损率大于 1.49%为淤积较快；年均淤损率介于 0.55%及 1.49%之间为淤积速度中等；年均淤损率小于 0.55%为淤积较慢。我国目前约有 4.7%的水库淤损率大于 38%，即处于严重淤积状态；有 4.3%的水库年均淤损率大于 1.5%，即处于快速淤损状态。

表5-3　水库淤积K均值聚类中心

聚类中心	淤损率/%	年均淤损率/%	聚类中心	淤损率/%	年均淤损率/%
第一类	53.53	2.14	第三类	6.48	0.27
第二类	22.18	0.83			

表5-4　水库淤积分类标准

淤积类别	淤积程度	淤损率/%	淤积速率	年均淤损率/%
第一类	严重淤积	＞37.85	较快	＞1.49
第二类	中度淤积	14.33～37.85	中等	0.55～1.49
第三类	轻度淤积	＜14.33	缓慢	＜0.55

我国湖泊泥沙淤积情况

6.1 湖泊沉积调研分析

6.1.1 东部平原湖区湖泊沉积调研

东部平原湖区湖泊主要包含长江和淮河中下游地区、黄河及海河下游地区和大运河沿岸的湖泊，该湖区是我国淡水湖泊数量最多、分布最密集的地区，我国著名的五大淡水湖鄱阳湖、洞庭湖、太湖、洪泽湖、巢湖都处于此湖区。第二次全国湖泊调查数据显示，东部平原地区面积 $10km^2$ 以上湖泊 131 个，湖泊面积 $19055km^2$，总储水量达到 707.66 亿 m^3。

东部平原湖区多属于洪泛平原地区，洞庭湖、鄱阳湖、洪湖等湖泊连通或半连通长江，在汛期湖泊泥沙淤积速率大大增加。东部平原湖泊多为浅水湖泊，多数湖泊平均水深仅为 2.0m，因此当来水量稍有增减、水位稍有升降时，湖泊面积即会发生显著变化。同时，该地区经济发达、人口密集，围湖造田、围网养殖等人类活动也对湖泊淤积速率以及湖泊面积造成很大影响。水深较浅和人为干扰强烈成为东部平原湖区湖泊显著的特点，而湖泊面积减少、水体富营养化则成为该区域湖泊目前面临的突出问题。

本研究在东部平原湖区湖泊沉积速率文献调研的基础上，进行了沉积相关的实地调研（见图 6－1），选取白马湖、洪泽湖 2 个湖泊采集了沉积物柱状样，按 1cm 分层取泥样，利用 $^{210}Pb/^{137}Cs$ 测年确定底泥淤积速率。

在白马湖与洪泽湖采集柱状沉积物分别进行了 $^{210}Pb/^{137}Cs$ 测年，发现两种方法分别测得的沉积速率接近，方法可取。白马湖采得泥柱深度为 36cm，按

1cm 一层分取各层沉积物测定^{137}Cs和$^{210}Pb_{ex}$比活度，各层深度的^{137}Cs和$^{210}Pb_{ex}$比活度如图 6-2 所示，发现^{137}Cs比活度峰值出现在 23cm 处，定为全球核试验

图 6-1 东部平原湖区湖泊采样现场图

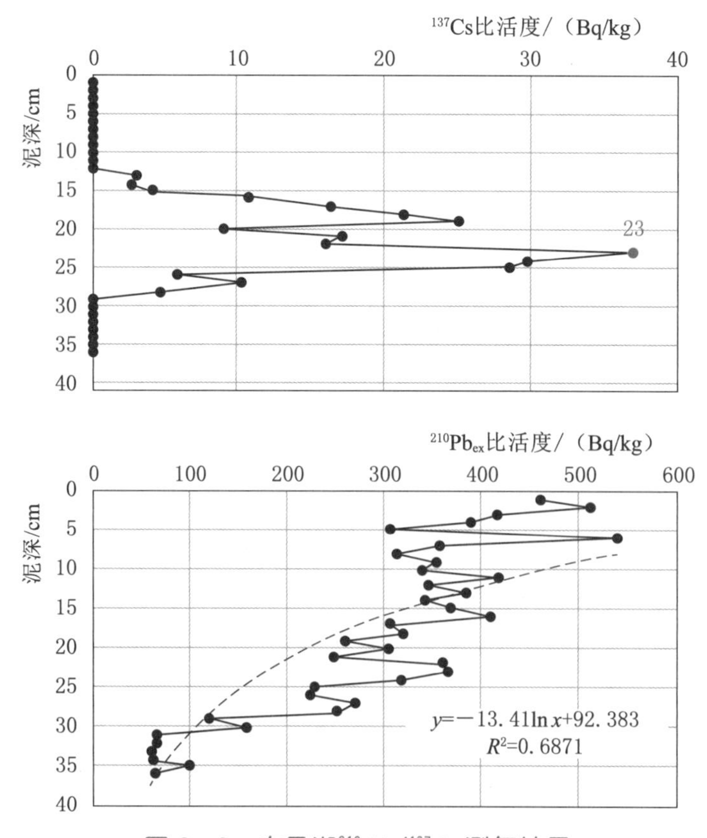

图 6-2 白马湖$^{210}Pb/^{137}Cs$测年结果

高峰期的 1963 年，泥柱为 2018 年采集，按此计算得白马湖 1963—2018 年的沉积速率为 0.43cm/a，而出现^{137}Cs 比活度值的深度在 28cm，定为大规模核试验开始阶段的 1952 年，计算得白马湖 1952—1963 年沉积速率在 0.45cm/a，与 1963—2018 年沉积速率接近；各层深度的$^{210}Pb_{ex}$比活度随深度呈梯度递减，按深度拟合的指数函数斜率为－13.41，按$^{210}Pb_{ex}$比活度计算得白马湖沉积速率为 0.42cm/a，与按照^{137}Cs 计算得到的沉积速率接近，白马湖平均沉积速率取两种方法的均值 0.43cm/a。白马湖 36cm 长度泥柱约为 20 世纪 30 年代以来沉积而成。从沉积物$^{210}Pb_{ex}$比活度剖面变化看，白马湖近 60 年来沉积速率较均匀。

洪泽湖采得泥柱深度为 46cm，按 1cm 一层分取各层沉积物测定^{137}Cs 和$^{210}Pb_{ex}$比活度，各层深度的^{137}Cs 和$^{210}Pb_{ex}$比活度如图 6－3 所示，泥柱 21cm 深处出现^{137}Cs 比活度峰值，定为 1963 年，计算得洪泽湖 1963—2018 年沉积速率为 0.38cm/a，而出现^{137}Cs 比活度值的深度在 24cm，定为大规模核试验开始阶段的 1952 年，计算得洪泽湖 1952—1963 年沉积速率为 0.36cm/a，与

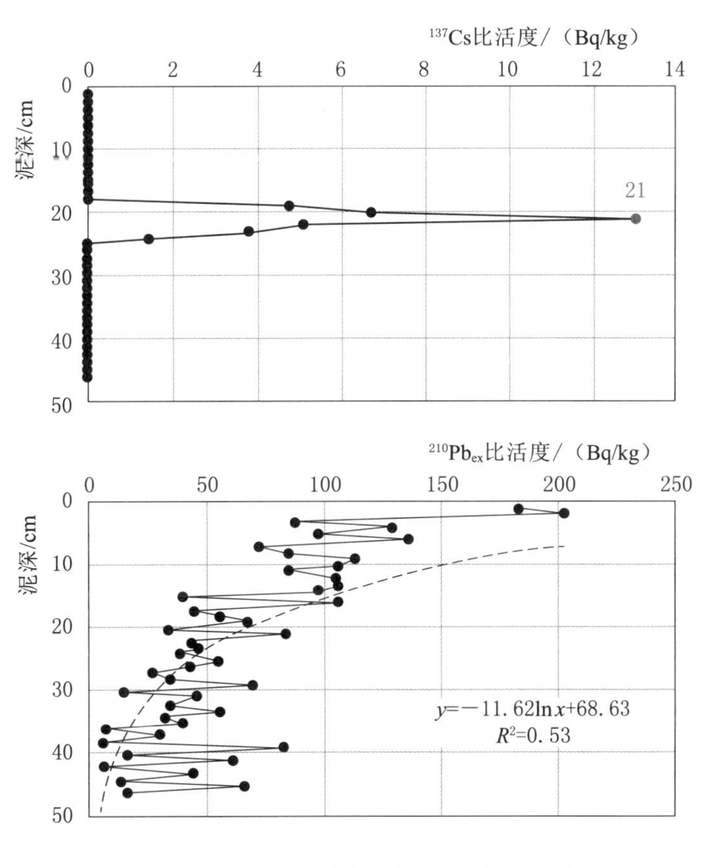

图 6－3　洪泽湖^{210}Pb/^{137}Cs 测年结果

1963—2018年沉积速率接近；各层深度的$^{210}Pb_{ex}$比活度随深度呈梯度递减，拟合的指数函数斜率－11.62，计算得沉积速率0.36cm/a，46cm深泥柱约为1890年以来沉积，与按照^{137}Cs计算得到的沉积速率接近，因此洪泽湖沉积速率取两种方法的均值0.37cm/a。

结合现场调研和文献资料获得的湖泊沉积速率看，东部平原湖区湖泊沉积速率平均值达到0.52cm/a，在五大片区中是最大的，但是沉积速率的标准差也是最大的，说明东部平原湖泊与湖泊之间差异很大（见图6-4），如过水性湖泊洞庭湖与长江连通，由于上游水土流失严重，每年有大量泥沙淤积湖中，20世纪50年代至80年代湖泊面积减少38%，其泥沙淤积速率达到3.5cm/a，是其他湖泊的10倍甚至数十倍以上；相较而言，太湖、巢湖等非通江湖泊沉积速率要小得多，平均沉积速率在0.5cm/a以下，但是在这些大型湖泊内部，不同湖区之间的沉积速率差异也很大，如太湖整体沉积速率较低，而东部草型湖区由于水生植被等影响，沉积速率很大，有沼泽化的风险。

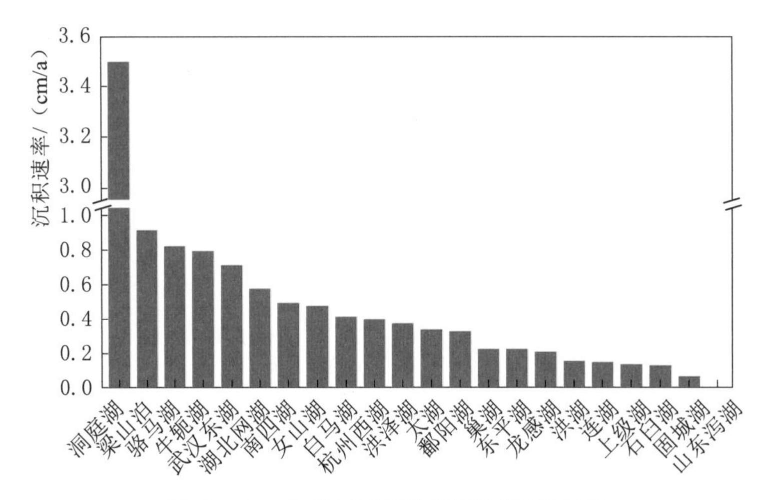

图6-4 东部平原湖区湖泊沉积速率

6.1.2 蒙新高原湖区湖泊沉积调研

蒙新高原地处内陆，气候干旱，降水稀少，蒸发强度大，常常出现湖水蒸发量超过入湖补给量的情况，导致湖泊水量减少、面积萎缩，甚至逐渐消失。第一次全国湖泊调查数据显示，蒙新高原地区面积10km^{2}以上湖泊107个，湖泊面积19059km^2，而第二次全国湖泊调查时，面积10km^{2}以上湖泊减为88个，湖泊面积降至11308km^2。

湖泊萎缩、湖水咸化是蒙新高原湖泊目前面临的主要问题。而近年来新疆、内蒙古人类活动的增加，使得入湖有机污染增加、营养盐增加，蒙新高原湖泊也逐渐面临水质恶化的问题。

蒙新高原湖区湖泊沉积速率较高，根据文献报道收集整理的11个该湖区湖泊平均沉积速率为0.40cm/a（见图6-5），这与该地区湖泊（主要是内蒙古地区）处于干旱-半干旱环境过渡带的地理位置有一定关系，其淤积的沉积物一方面源自风尘沉积，另一方面源自人类活动导致的流域水土流失。内蒙古和新疆的湖泊沉积速率差异很大。内蒙古湖泊沉积速率相对较高，岱海、乌梁素海、呼伦湖平均沉积速率超过0.8cm/a，新疆湖泊沉积速率较低，赛里木湖、巴里坤湖、博斯腾湖平均沉积速率均在0.2cm/a以下。

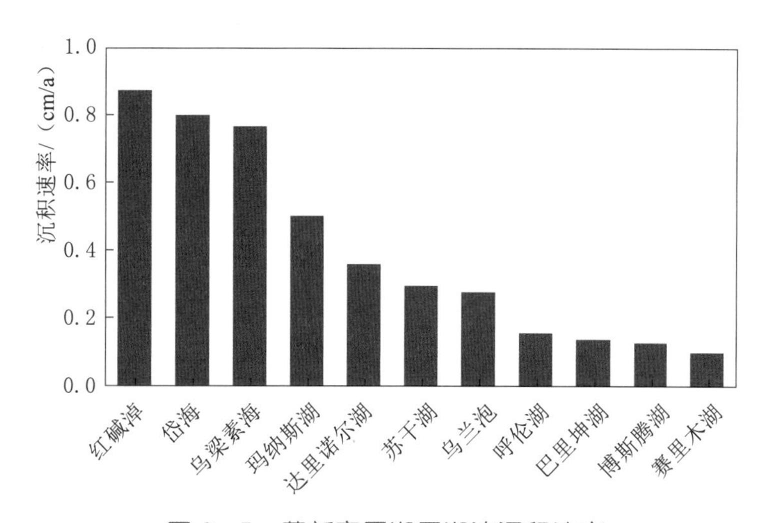

图6-5 蒙新高原湖区湖泊沉积速率

从实地考察湖泊岸线变化情况看，艾比湖、巴里坤湖、岱海、达里诺尔湖等都面临严重的水位下降问题。艾比湖沿岸可见清晰的岸线退化条带，湖滩土质松软；巴里坤湖沿岸人类活动随着水位下降不断逼近湖泊；岱海近十多年水位下降近10m，湖边有明显水位下降痕迹，湖滩地有红柳等耐盐植物；达里诺尔湖去年水位下降近半米，南岸有明显的岸线退化痕迹（见图6-6）。

6.1.3 云贵高原湖区湖泊沉积调研

云贵高原湖区湖泊多分布在断裂带或各大水系的分水岭，处于西南季风区，5—10月降雨量占全年降雨量80%以上，湖泊水位受降雨量影响，出现季节性变化。第一次全国湖泊调查数据显示，云贵高原地区面积10km^{2}以上湖泊13个，湖泊面积1088km^2。

图6－6 蒙新高原湖区湖泊岸线
（自左向右、自上向下依次为艾比湖、巴里坤湖、岱海、达里诺尔湖）

云贵高原湖区湖泊沉积速率与湖区降水量的记录有较好的一致性，总体而言沉积速率较小，在以往研究中，滇池与洱海沉积速率在0.2cm/a左右，星云湖在0.8cm/a左右，文献报道的14个云贵高原湖区湖泊平均沉积速率为0.3cm/a（见图6－7）。

近年来云贵高原部分湖泊面临比较严重的富营养化问题。滇池曾与太湖、巢湖并称为三大富营养化湖泊，蓝藻水华问题突出，且滇池沉积物营养盐含量远高于太湖、巢湖，说明对于高原静水湖泊而言，由于水力停留时间长等特点，沉积物进入湖泊后更易沉积进入湖底，因此滇池湖泊淤积速率虽小（0.2cm/a），但淤积物对湖泊的环境影响不可小觑。星云湖的富营养化问题比滇池更严重，星云湖的沉积速率较高，接近0.8cm/a，可能与其极高的富营养化程度有相互作用。

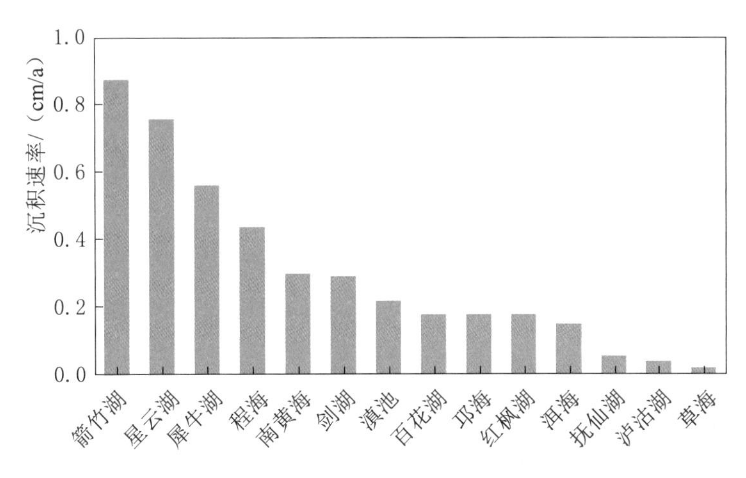

图6-7　云贵高原湖区湖泊沉积物速率

6.1.4　东北平原湖区湖泊沉积调研

东北平原与山区主要位于松嫩平原和三江平原，湖水浅、面积小，湖盆坡降平缓、现代沉积物深厚。东北湖区湖泊有个重要特色是有许多由火山喷发形成的堰塞湖，如五大连池和长白山天池。该地区降雨多集中于6—9月，湖泊水位随降雨量变化而变化。第一次全国湖泊调查数据显示，东北地区面积 $10km^2$ 以上湖泊52个，湖泊面积 $3706km^2$。

东北平原与山区湖区湖泊的平均沉积速率为0.34cm/a，五大连池的沉积速率与东北平原湖区其他湖泊较高，达到0.57cm/a，超过东北湖区湖泊沉积速率均值（见图6-8）。东北平原与山区湖区湖泊沉积速率在不同年代有很大差异，20世纪50—70年代湖泊沉积速率较高，这与解放后东北移民增加导致的林木砍伐以及耕地增长等人类活动有很大关系。

本书在东北平原湖区选择了五大连池和丰满水库进行了沉积相关的实地调研（见图6-9），从现场记录的湖泊水体透明度、浊度和沉积物形状看，五大连池水深9.2m，透明度1.2m，但水体浊度极高，达到580NTU，在此次湖泊调查中与各湖区湖泊相比浊度都很高，且水色较深，沉积物为深灰色。

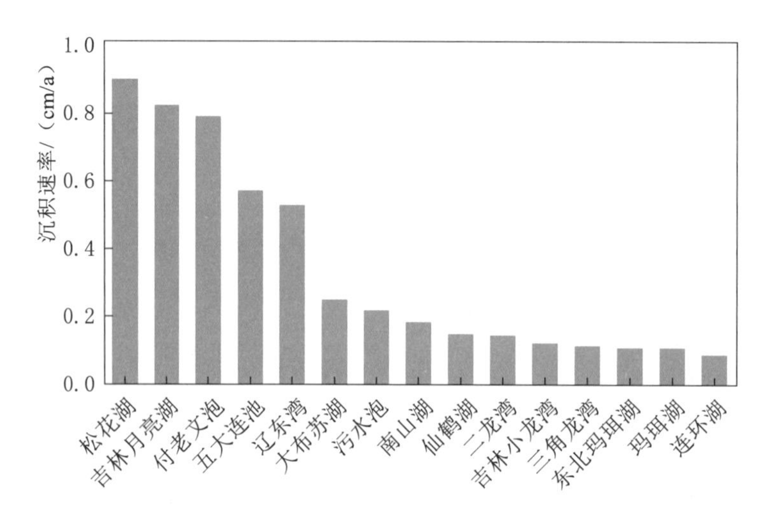

图 6－8　东北平原湖区湖泊沉积物速率

图 6－9　东北平原与山区湖库采样现场图

6.1.5　青藏高原湖区湖泊沉积调研

青藏高原湖区是我国湖泊密度最大的湖区。第二次湖泊调查数据显示，青藏高原地区面积在 $1km^2$ 以上的湖泊为 1055 个，占全国总数的 39.2%；合计面积 $41831.7km^2$，占全国总面积的 51.4%。青藏高原地区严寒而干旱，降水少，湖泊水量补给主要来自冰川融水。在五个湖区中，青藏高原湖区的人类活动干扰最小，青藏高原湖泊受气候等自然因素影响更显著。

从已调研的青藏高原湖泊沉积速率看，青藏高原湖泊沉积速率受湖区降水量的影响较大，与降水量记录有较好的一致性，即入湖水量的增加促进湖泊沉积速率的增加。文献报道的15个青藏高原湖区湖泊平均沉积速率为0.18cm/a，是五大片区里平均值最小的（见图6-10）。西藏第一大湖泊纳木错沉积速率仅为0.06cm/a，沉积物含水率高、容重低；我国最大湖青海湖沉积速率为0.1cm/a。

近年来青藏高原湖泊面积显著增加，与蒙新高原湖泊沿岸可见清晰的岸线退化条带不同，青藏高原湖泊岸线可见扩张痕迹（见图6-11）。青海湖自20世纪50年代以来水位持续下降，60年间水位下降超过4m，但2005年后青海湖水位逐年上升，15年间水位上升3.11m，几乎恢复至20世纪60年代水位水平。这与青海湖流域降水量增加、入湖补给量增加密切相关。

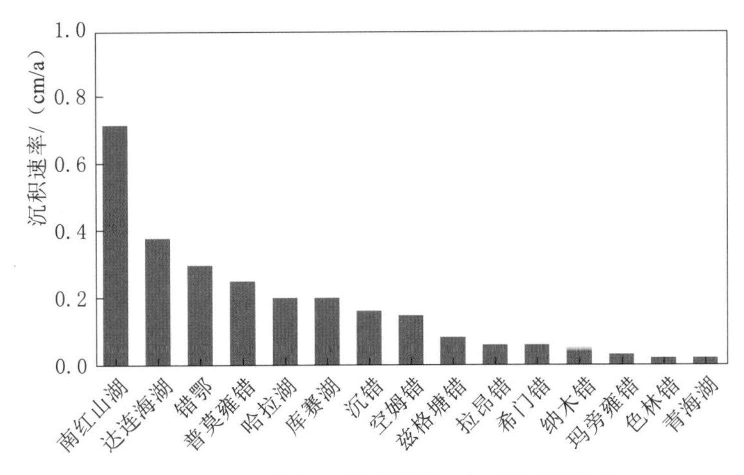

图6-10 青藏高原湖区湖泊沉积物速率

图6-11 青藏高原湖区湖库采样现场图

6.2 湖泊淤积数据汇聚

通过已有研究成果和相关的湖泊沉积资料，以及五大湖区的湖泊调研资料，包括在白马湖、洪泽湖采集泥柱并用^{137}Cs和^{210}Pb计年法测定的沉积速率，整理汇总了77个湖泊的沉积速率及相应水环境基础资料，包括这些湖泊不同点位、不同年份的沉积速率、湖泊面积、蓄水量、水深、淤积物组成等信息，形成了包含湖泊泥沙淤积等基础数据资料的湖泊淤积数据库。

按照全国主要湖泊的5个分布片区青藏高原湖区、蒙新高原地区、云贵高原湖区、东北平原与山区湖区、东部平原湖区，将77个湖泊的沉积速率数据以及相应的测定方法、数据来源等信息汇于表6-1，以上5个湖区的平均沉积速率分别为0.18、0.40、0.30、0.34、0.52cm/a。

77个湖泊沉积速率平均值为0.36cm/a（见表6-1）。总体而言，东部平原湖区尤其是长江中下游平原地区的湖泊沉积速率相对而言更高，平原地区湖泊沉积速率整体高于山地湖泊，人口密集经济发达地区湖泊整体高于偏远地区湖泊，小而浅的湖泊沉积速率整体高于大而深的湖泊。湖泊沉积在同一个湖泊的各个区域也有很大区别，开阔湖区与湖滨浅水区的沉积速率和沉积物质有显著的差异。从收集汇总的资料统计，沉积速率最高的是湖南省洞庭湖，20世纪50—80年代期间沉积速率高达3.5cm/a，沉积速率最低出现在云南草海，仅为0.01cm/a。

表6-1 湖泊沉积速率

湖泊片区	省份	沉积速率/(cm/a)	测定方法	备注	数据来源
青藏高原湖区					
青海湖	青海	0.045～0.205	^{137}Cs计年法	全湖范围	徐海 等，2010
		0.02		湖中部	
		0.229		东南部	
纳木错	西藏	0.043～0.098	^{137}Cs计年法		王君波 等，2011
玛旁雍错	西藏	0.31	^{137}Cs和^{210}Pb计年法		王君波 等，2013
拉昂错	西藏	0.65	^{137}Cs和^{210}Pb计年法		王君波 等，2013
错鄂	西藏	0.3	^{137}Cs计年法	上部30cm	吴艳宏 等，2001
哈拉湖	青海	0.2	^{210}Pb计年法	1990年以前	曹洁 等，2007
		0.187		25cm以下	

续表

湖泊片区	省份	沉积速率/(cm/a)	测定方法	备　注	数据来源
库赛湖	西藏	0.2	^{210}Pb计年法	泥柱11.5cm	王永波　等，2008
空姆错	西藏	0.15	^{137}Cs和^{210}Pb计年法	1952—2005年	夏忠欢　等，2010
沉错	西藏	0.16	^{210}Pb计年法	近期	冯金良　等，2004
普莫雍错	西藏	0.25	^{137}Cs和^{210}Pb计年法	上部27cm	鞠建廷　等，2012
兹格塘错	西藏	0.08	^{137}Cs和^{210}Pb计年法	近50年	张宏亮　等，2009
南红山湖	西藏	0.72	^{210}Pb计年法	1850—1997年	朱立平　等，2001
达连海湖	西藏	0.37	^{14}C计年法	岩芯底部18cm	陈发虎　等，2012
希门错	西藏	0.068	^{137}Cs、^{241}Am和^{210}Pb计年法	0～5cm	薛滨　等，1997
		0.053			
色林错	西藏	0.025	^{14}C计年法		顾兆炎　等，1994
东北平原与山区湖区				0～3.08cm	
连环湖	黑龙江	0.17	^{137}Cs计年法	1954—2010年	孙清展　等，2013
		0.072		1963—2010年	
		0.054		1975—2010年	
		0.051		1986—2010年	
月亮湖	吉林	0.74	^{137}Cs计年法	1963—2006年	高丽娜，2013
		0.9		1986—2006年	
松花湖	黑龙江	0.86	^{137}Cs计年法	1964—2006年	郝立波　等，2009
		0.74		1971—2006年	
		0.71		1975—2006年	
		1.3		1964—1975年	
扎龙湿地	黑龙江	0.22	^{210}Pb计年法	污水泡	苏丹　等，2012
		0.18		南山湖	
		0.15		仙鹤湖	
五大连池	黑龙江	0.59	^{137}Cs和^{210}Pb计年法	不同采样区域	桂智凡　等，2011
		0.55			
东北玛珥湖	吉林	0.11			贺怀宇　等，2000
吉林小龙湾	吉林	0.10～0.14	^{137}Cs计年法	1986年	夏威岚　等，2004
三角龙湾	吉林	0.115	^{210}Pb计年法		贺怀宇　等，2000
二龙湾	吉林	0.145	^{137}Cs计年法	1963年	游海涛　等，2007
		0.14		0～5.5cm	
		0.05		5.5～9.5cm	

续表

湖泊片区	省份	沉积速率/(cm/a)	测定方法	备注	数据来源
四海龙湾玛珥湖	吉林	0.11	^{210}Pb计年法	0～19cm	储国强 等，2005
付老文泡	吉林	0.78			王国平 等，2003
大布苏湖	吉林	0.25	^{137}Cs计年法	0～22cm	介冬梅 等，2001
辽东湾	辽宁	0.53	^{210}Pb计年法	现代	杨松林 等，1993
珠江口	广东	0.5～5.0	^{210}Pb计年法	1956—1988年	陈耀泰 等，1992
蒙新高原湖区					
博斯腾湖	新疆	0.13	^{14}C计年法		张成君 等，2004
乌梁素海	内蒙古	0.49	^{137}Cs和^{210}Pb计年法	不同采样区域	张经国，2013
		0.79			
		0.86			
		0.95			
岱海	内蒙古	0.8	^{137}Cs和^{210}Pb计年法		蓝江湖 等，2011
呼伦湖	内蒙古	0.25	^{210}Pb计年法	1959—1991年间	吉磊 等，1994
		0.05		1959年前	
苏干湖	甘肃	0.3	^{210}Pb计年法		周爱锋 等，2008
木能诺尔湖	内蒙古	0.37	^{210}Pb计年法		许健，2006
红碱淖	陕西	0.87	^{137}Cs计年法	近80年	汪勇 等，2006
巴里坤湖	新疆	0.14	^{14}C计年法	233～325cm	陶士臣 等，2010
		0.013		142～165cm	
玛纳斯湖	新疆	0.14～0.84	^{14}C计年法		林瑞芬 等，1996
乌兰泡沼泽	内蒙古	0.271	^{210}Pb计年法	1819—2005年	翟正丽 等，2005
东部平原湖区					
白马湖	江苏	0.42	^{137}Cs和^{210}Pb计年法		自测
洪泽湖	江苏	0.38	^{137}Cs和^{210}Pb计年法		自测
鄱阳湖	江西	0.32	^{137}Cs计年法	全湖平均	叶崇开 等，1991
		0.21	^{137}Cs计年法	主湖区平均	
		0.2	^{210}Pb计年法		
洪湖	湖北	0.155	^{137}Cs计年法	1954—2002年	陈萍，2003
		0.16		1963—2002年	
		0.141		1986—2002年	
		0.174		1963—1986年	
		0.136		1954—1963年	

续表

湖泊片区	省份	沉积速率/(cm/a)	测定方法	备　注	数据来源
巢湖	安徽	0.27	^{137}Cs 计年法		贾铁飞　等，2009
		0.25	^{210}Pb 计年法		
太湖	江苏、浙江	0.31	^{137}Cs 计年法		朱金格　等，2010
		0.33	^{210}Pb 计年法		
		0.6	^{210}Pb 计年法	东太湖最大值	
洞庭湖	湖南	3.5	^{210}Pb 计年法		姚志刚　等，2006
龙感湖	安徽	0.19	^{210}Pb 计年法	不同采样点	吴艳宏，2010
		0.23			
石臼湖	江苏	0.12	^{137}Cs 计年法		薛滨　等，2008
		0.14	^{210}Pb 计年法		
女山湖	安徽	0.48	^{137}Cs 和 ^{210}Pb 计年法		夏威岚　等，1995
固城湖	江苏	0.056～0.167	^{210}Pb 计年法		姚书春　等，2008
		0.066	^{137}Cs 和 ^{210}Pb 计年法	近 20 年	姚书春　等，2007
南四湖	山东	0.022～0.14	^{14}C 计年法	微山湖	张祖陆　等，1999
		0.021～0.35	^{14}C 计年法	独山湖	
网湖	湖北	0.594	^{137}Cs 计年法	1954—2007 年	史小丽　等，2009
		0.557		1963—2007 年	
武汉东湖	湖北	0.873	^{210}Pb 计年法	19cm 以下	杨洪　等，2004
		0.69		1964—2004 年	
		0.74	^{137}Cs 计年法		
		0.58			
石梁河	江苏	10.85	^{137}Cs 计年法	1963—1970 年	张云峰　等，2014
		3.81		1970—1986 年	
		1.32		1986—2005 年	
胶州湾	山东	0.768	^{210}Pb 计年法	西北部（近百年）	李凤业　等，2003
		0.64		中部（近百年）	
		0.54		J94 站（近百年）	
山东泻湖	山东	0.01	^{14}C 计年法	平均	李从先　等，1983
长江中游牛轭湖	湖北	0.8	^{210}Pb 计年法	下段湖沉积相	袁世飞，2014
连湖	安徽	0.15	^{210}Pb 计年法		任天山　等，1993
		0.16			
骆马湖	江苏	0.83		1949—2017 年	孙博　等，2017

续表

湖泊片区	省份	沉积速率/(cm/a)	测定方法	备　注	数据来源
东平湖	山东	0.297	^{137}Cs和^{210}Pb计年法	1889—1945年	陈诗越　等，2009
		0.141		1963—2000年	
梁山泊	山东	0.203	^{14}C计年法	69－1048AD	侯战方　等，2018
		0.85		940－1290AD	
		1.86		1215－1310AD	
		0.78		1310－1470AD	
上级湖	山东	0.135	^{210}Pb计年法	1964年	丁兆运　等，2012
杭州西湖	浙江	0.4	^{14}C计年法	近10年	胡胜华　等，2011
云贵高原湖区					
抚仙湖	云南	0.28	^{137}Cs计年法	1986—2003年	周晓娟，2017
洱海	云南	0.2	^{210}Pb计年法		张振克　等，2000
		0.21	^{137}Cs计年法		
滇池	云南	0.22	^{210}Pb计年法		任天山　等，1993
		0.23	^{137}Cs计年法		
草海	云南	0.01	^{14}C计年法	剖面上部	林瑞芬　等，2000
程海	云南	0.432	^{137}Cs计年法	1964—1975年	胥思勤　等，2001
		0.636	^{137}Cs计年法	1975—1986年	
		0.232	^{137}Cs计年法	1986—1997年	
剑湖	云南	0.287	^{137}Cs计年法	70年代以来	项亮　等，1996
红枫湖	贵州	0.17	^{137}Cs计年法	1964—1986年	万国江　等，1999
百花湖	贵州	0.176	^{210}Pb计年法	建库以来	胥思勤，1999
星云湖	云南	0.756	X射线衍射	1968—1998年	冯明刚，2005
		1		1990—1998年	
		0.566		1979—1990年	
		0.84		1968—1979年	
		0.64		1968年以前	
邛海	四川	0.171		1952—2003年	魏学利　等，2018
泸沽湖	云南	0.051	^{210}Pb计年法		徐经意　等，1999
		0.028	^{14}C计年法	近3万年	王自翔　等，2015
南黄海	跨省	0.026～0.67	^{210}Pb计年法	百余年	赵一阳　等，1991
犀牛湖	四川	0.56	^{137}Cs计年法	1963年	
		0.57	^{210}Pb计年法		
箭竹湖	四川	0.48	^{210}Pb计年法	1952年	

6.3 各大片区湖泊沉积速率

根据上述 77 个湖泊的沉积速率基础资料，按照全国主要湖泊的 5 个分布片区，汇总了青藏高原湖区、蒙新高原地区、云贵高原湖区、东北平原与山区湖区、东部平原湖区的 77 个湖泊的沉积速率（见表 6－2），各片区沉积速率为 0.18～0.52cm/a。

表 6－2　主要片区湖泊沉积速率

片　区	湖泊个数	沉积速率/(cm/a)	片　区	湖泊个数	沉积速率/(cm/a)
青藏高原湖区	15	0.18	东部平原湖区	24	0.52
东北平原与山区湖区	13	0.34	云贵高原湖区	14	0.30
蒙新高原湖区	11	0.40			

五大湖区湖泊的沉积物淤积速率有一定差异（见图 6－12）。东部平原湖区湖泊沉积速率平均值最高，湖区内不同湖泊沉积速率差异也最大，东部平原湖区包括长江中下游等地区的湖泊，处于洪泛平原，经济发达人口密集，湖泊

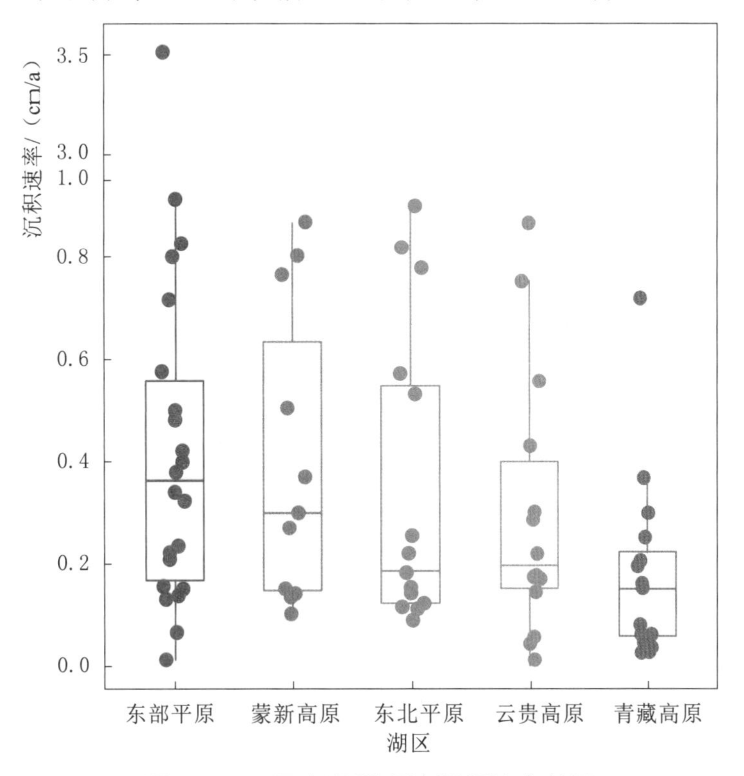

图 6－12　五大湖区湖泊沉积速率差异

水文条件和人类活动都对湖泊淤积速率产生很大影响，其中通江湖泊洞庭湖、鄱阳湖等沉积速率较高；蒙新高原湖区湖泊沉积速率平均值次之，蒙新高原湖泊面积萎缩情况较严重，这与蒙新高原的地形结构有很大关系，气候干旱，降水稀少，还有一些湖泊处于沙漠边缘地带，风尘沉积突出；东北平原与山区湖区湖泊沉积速率也受人类干扰影响，在不同年代表现出显著差异，20 世纪 50—70 年代湖泊沉积速率较高，这与解放后东北移民增加导致的林木砍伐以及耕地增长等有很大关系；云贵高原湖区湖泊水深岸陡，换水周期长，沉积速率较低，主要随区域降水量变化而发生显著季节变化；青藏高原湖区与云贵高原湖区类似，湖盆陡峭，湖泊补给主要靠冰川融水，湖泊沉积速率在五大湖区中最低，也受气象水文条件影响，但是季节变化幅度不大。

湖泊淤积影响因素分析

7.1 湖泊环境调研分析

7.1.1 东部平原湖区湖泊环境调研

在东部平原湖区湖泊进行了与沉积相关的环境调研。在该地区面积大于 50km² 的湖泊中按照天气、水情等情况挑选部分湖泊进行现场调研和采样测定，现场记录了湖泊水体的透明度、浊度、深度、水草等情况，选取 33 个湖泊和水库进行了沉积物和水样采集分析测定工作，用于分析不同泥沙淤积速率影响下湖泊沉积相和水质的差异，为湖泊淤积影响因素分析和淤积分类工作提供依据。

东部平原湖区湖泊沉积速率差异很大，水环境状况也迥异，现场调研记录的水体透明度、浊度，湖泊各采样点水深及现场水草状况等数据见表 7-1，浊度最大的湖泊是最小湖泊的上百倍，透明度也差别很大。洞庭湖泥沙淤积量大，浊度较高、透明度较低，有水草的湖泊透明度通常较高、浊度较低。

现场调研记录的水体透明度、浊度，湖泊各采样点水深及现场水草状况等数据见表 7-1。

表 7-1　　东部平原湖区湖泊调研现场记录数据

湖泊名称	测点号	透明度/cm	浊度/NTU	水深/m	备　注
长湖	CH 1#	100	5.00	2.7	未观察到水草
长湖	CH 2#	43	30.82	2.8	未观察到水草

续表

湖泊名称	测点号	透明度/cm	浊度/NTU	水深/m	备 注
长湖	CH 3#	39	33.67	3.3	未观察到水草
长湖	CH 4#	41	32.46	2.0	未观察到水草
长湖	CH 5#	52	10.29	1.6	未观察到水草
长湖	CH 6#	40	28.83	1.4	未观察到水草
大通湖	DDTH 1#	17	177.78	1.3	未观察到水草
大通湖	DDTH 2#	21	128.51	1.4	未观察到水草
大通湖	DDTH 3#	28	71.39	1.3	未观察到水草
大通湖	DDTH 4#	27	55.16	1.5	未观察到水草
大通湖	DDTH 5#	28	66.24	1.6	未观察到水草
大通湖	DDTH 6#	84	14.59	1.5	未观察到水草
洞庭湖	DTH +1#	63	16.88	2.5	未观察到水草
洞庭湖	DTH +12#	57	17.09	6.4	未观察到水草
洞庭湖	DTH 3#	65	19.63	3.2	未观察到水草
洞庭湖	DTH 5#	52	19.66	4.4	未观察到水草
洞庭湖	DTH 12#	68	25.12	13.2	未观察到水草
洞庭湖	DTH 13#	75	15.61	4.4	未观察到水草
洞庭湖	DTH 14#	86	13.75	3.8	未观察到水草
洞庭湖	DTH 17#	50	23.23	7.0	未观察到水草
洞庭湖	DTH 18#	49	27.1	8.5	未观察到水草
洞庭湖	DTH 19#	51	28.62	5.0	未观察到水草
洞庭湖	DTH 20#	44	37.18	1.6	未观察到水草
洞庭湖	DTH 21#	48	46	2.4	未观察到水草
洞庭湖	DTH 22#	41	32.33	6.9	未观察到水草
洞庭湖	DTH 23#	47	35.28	4.7	未观察到水草
岳阳南湖	YYNH 1#	72	11.1	6.6	未观察到水草
岳阳南湖	YYNH 2#	65	13.59	5.9	未观察到水草
黄盖湖	HGH 2#	40	49.01	2.0	菱角60%
黄盖湖	HGH 3#	50	28.97	1.9	菱角10%
黄盖湖	HGH 4#	55	32.48	1.7	未观察到水草
黄盖湖	HGH 5#	40	46.53	1.7	菱角70%
洪湖	HH 2#	89	8.46	1.6	菹草90%
洪湖	HH +2#	68	16.72	1.4	菹草10%
洪湖	HH 3#	100	4.52	1.3	菹草90%

续表

湖泊名称	测点号	透明度/cm	浊度/NTU	水深/m	备注
洪湖	HH 4#	65	11.62	1.8	菹草 70%
洪湖	HH 5#	41	37.78	0.8	菹草 90%
洪湖	HH 6#	47	15.36	1.6	未观察到水草
洪湖	HH 7#	70	13.83	1.5	未观察到水草
梁子湖	LZH 1#	125	7.07	3.7	菹草 60%
梁子湖	LZH 2#	120	6.57	3.4	菹草 40%
梁子湖	LZH 3#	135	6.28	3.4	菹草 30%
梁子湖	LZH 4#	150	5.61	3.7	菹草 50%
梁子湖	LZH 5#	145	4.26	3.1	菹草 50%
梁子湖	LZH 6#	130	3.87	3.0	菹草 70%
梁子湖	LZH 7#	90	9.94	2.2	菹草 60%
武昌东湖	WCDH 1#				未观察到水草
武昌东湖	WCDH 2#	50	6.62	5.0	未观察到水草
武昌东湖	WCDH 3#	90	5.38	3.1	未观察到水草
磁湖	CIHU 1#	50	7.27	1.4	未观察到水草
磁湖	CIHU 2#	50	30.9	1.3	未观察到水草
武山湖	WSH 1#	30	20.35	2.0	未观察到水草
武山湖	WSH 2#	28	18.88	2.0	未观察到水草
武山湖	WSH 3#	25	25.57	2.1	未观察到水草
鄱阳湖	PYH 11#	60	19.26	0.8	未观察到水草
鄱阳湖	PYH 4#	75	16.75	18.8	未观察到水草
鄱阳湖	PYH 5#	70	15.64	14.2	未观察到水草
鄱阳湖	PYH 8#	55	17.75	11.7	未观察到水草
鄱阳湖	PYH 6#	50	17.16	8.6	未观察到水草
鄱阳湖	PYH 7#	60	17.35	13.1	未观察到水草
鄱阳湖	PYH 9#	50	24.22	12.6	未观察到水草
鄱阳湖	PYH 10#	40	27.19	12.7	未观察到水草
鄱阳湖	PYH 12#	60	18.62	3.7	未观察到水草
柘林水库	ZLSK 1#	350	0.68	26.1	未观察到水草
柘林水库	ZLSK 2#	400	1.44	36.4	未观察到水草
柘林水库	ZLSK 3#	315	1.7	31.2	未观察到水草
军山湖	JSH 1#	125	8.66	3.7	未观察到水草
军山湖	JSH 2#	150	5.42	5.4	未观察到水草

续表

湖泊名称	测点号	透明度/cm	浊度/NTU	水深/m	备　注
军山湖	JSH 3#	190	2.63	4.7	未观察到水草
军山湖	JSH 4#	100	7.72	5.6	未观察到水草
军山湖	JSH 5#	120	7.55	4.5	未观察到水草
军山湖	JSH 6#	140	5.92	4.7	未观察到水草
军山湖	JSH 7#	200	3.17	5.3	未观察到水草
珠湖	ZH 1#	130	5.79	4.6	未观察到水草
珠湖	ZH 2#	180	2.82	5.0	未观察到水草
珠湖	ZH 3#	130	4.07	4.1	未观察到水草
珠湖	ZH 4#	140	4.64	3.0	未观察到水草
龙感湖	LGH 1#	40	32.95	1.1	未观察到水草
龙感湖	LGH 2#	30	116.28	1.3	未观察到水草
龙感湖	LGH 8#	30	83.06	1.3	未观察到水草
黄大湖	HDH 2#	10	159.83	1.2	未观察到水草
黄大湖	HDH 4#	22	42.35	1.0	未观察到水草
黄大湖	HDH 5#	25	45.54	1.1	未观察到水草
黄大湖	HDH 7#	10	285.75	1.2	未观察到水草
花亭湖水库	HTH 1#	270	0.53	35.6	未观察到水草
花亭湖水库	HTH 2#	300	0.63	32.2	未观察到水草
花亭湖水库	HTH 3#	480	0.53	26.4	未观察到水草
白马湖	BMH 1#	40	18.97	1.6	硬底
白马湖	BMH 2#	40	40.05	1.5	硬底
白马湖	BMH 3#	80	74.64	0.8	大量菹草（100%）
白马湖	BMH 4#	90	13.95	1.4	大量菹草（100%）
白马湖	BMH 5#	60	15.39	0.8	菹草眼子菜少量（20%）
高邮湖	GYH 1#	40	13.33	1.7	大量菹草（70%）
高邮湖	GYH 2#	40	13.21	1.6	大量菹草（70%）
高邮湖	GYH 3#	50	32.27	2.0	大量菹草（70%）
高邮湖	GYH 4#	20	12.87	2.2	大量菹草（70%）
高邮湖	GYH 8#	130	3.89	1.8	少量水草（10%）
高邮湖	GYH 11#	120	1.57	2.2	少量水草（10%）
龙王山水库	LWS 1#	60	12.09	4.5	
化农水库	HNSK 1#	80	5.15	8.2	
巢湖	CH 11#	30	101.34	2.8	大量蓝藻水华

续表

湖泊名称	测点号	透明度/cm	浊度/NTU	水深/m	备　注
巢湖	CH 12#	10	26.02	2.3	大量蓝藻水华
巢湖	CH 13#	10	32.03	2.9	大量蓝藻水华
滆湖	GH 1#	30	32.53	1.3	大量蓝藻水华
阳澄湖	YCH 6#	45	7.07	1.9	大量菹草（90%）
阳澄湖	YCH 8#	130	0.64	2.2	大量菹草（90%）
淀山湖	DSH 1#	44	8.3	2.2	
石臼湖	SJH 3#	40	39.23	0.7	少量沮草（5%）
石臼湖	SJH 6#	40	60.8	0.9	少量沮草（5%）
太平湖	TPH 1#	927	1.26	50.7	
菜籽湖	SJH 8#	20	112.54	0.4	大量围网
升金湖	SJH 1#	15	428.63	0.3	
武昌湖	WCH 1#	45	24.43	1.8	
瓦蚌湖	WBH 1#	100	7.03	2.7	大量沉水植物（50%）
东平湖	DPH 1#	80	3.98	2.1	全是菹草（100%）
东平湖	DPH 2#	200	1.66	2.0	全是菹草（100%）
东平湖	DPH 3#	180	0.4	3.0	全是菹草（100%）
东平湖	DPH 4#	120	6.52	2.3	大量菹草（50%）
东平湖	DPH 5#	160	1.59	2.6	全是菹草（100%）
南四湖	NSH 1#	160	0.22	3.0	全是菹草（100%）
南四湖	NSH 2#	140	0.16	2.0	眼子菜和菹草（100%）
南四湖	NSH 3#	60	5.75	1.8	少量水草（30%）
南四湖	NSH 4#	80	3.06	2.6	全是菹草（100%）
南四湖	NSH 5#	40	15.44	4.2	荷花（40%）
南四湖	NSH 6#	40	8.66	2.2	全是菹草（100%）
南四湖	NSH 7#	130	1.41	2.3	全是菹草（100%）
南四湖	NSH 8#	160	0.53	2.5	全是菹草（100%）
南四湖	NSH 9#	120	1.66	2.5	大量菹草（80%）
南四湖	NSH 10#	80	4.19	1.8	蒲草荷叶少量 10%

东部平原湖区湖泊不仅沉积速率差异大，沉积物中营养盐的含量差异也很大，测得的沉积物数据显示，沉积物总氮含量较高与较低的湖泊差 3 倍以上，沉积物总磷含量较高和较低的湖泊差 5 倍以上（见图 7-1）。而东部平原湖区湖泊沉积物淤积速率和碳氮磷等营养盐的沉积量并不对应，如通江湖泊的沉积

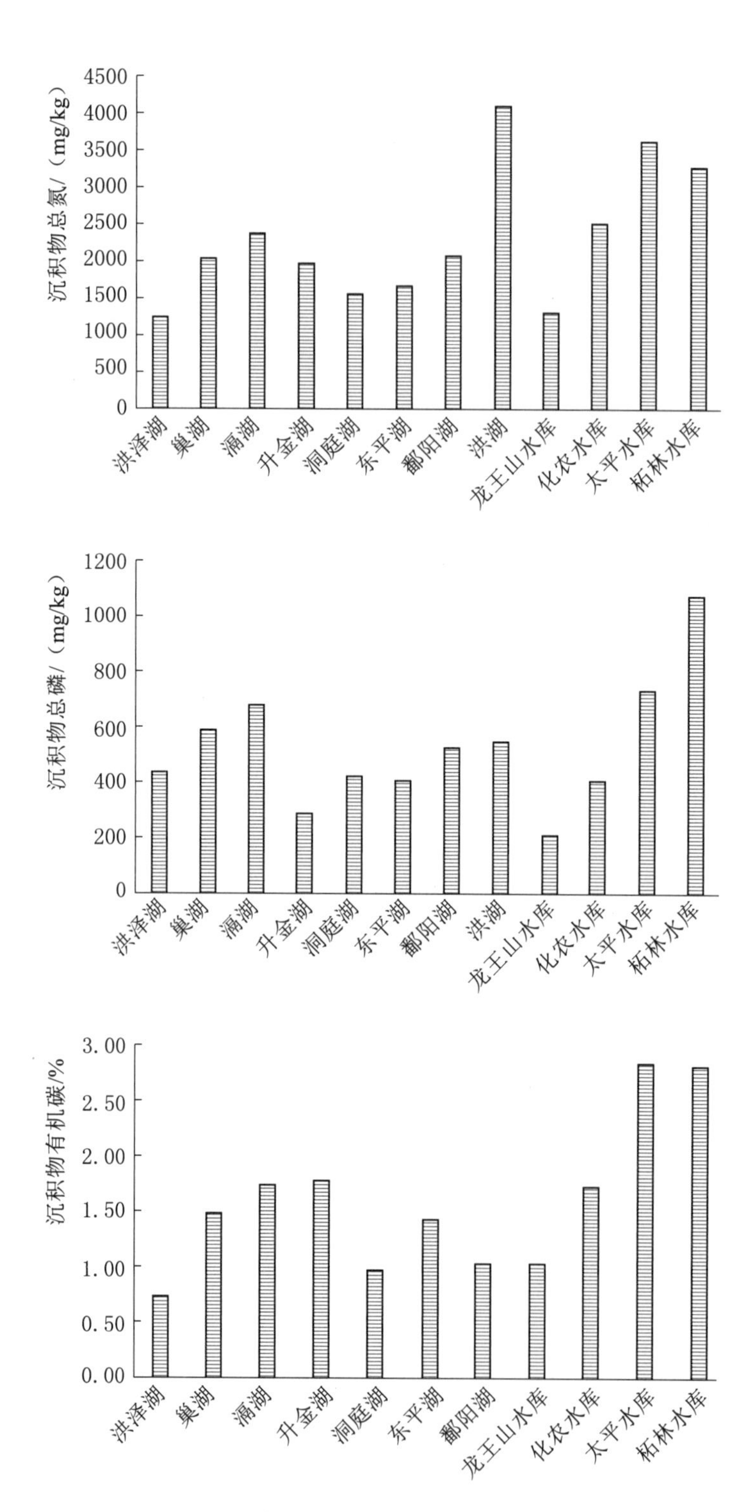

图7-1 东部平原湖区湖泊沉积物总氮、总磷、有机碳含量

物淤积速率较大，但氮磷营养盐和有机质的沉积量并不高，而洪湖沉积速率不高，沉积物氮磷营养盐很高。这显示出东部平原湖区湖泊各自面临着迥异的淤积问题，如洞庭湖、鄱阳湖等过水型湖泊受水文条件影响比较大，沉积速率较大，面积正不断缩小，但淤积的物质以无机物为主；而巢湖、洪湖等富营养化湖泊受人类活动影响营养盐的埋藏量增加，即使目前沉积速率尚小，也不可忽视沉积对水环境的影响；而太湖在不同区域的淤积状况差异也很大，西部、南部湖区淤积的物质以无机物淤积为主，东部草型湖区则面临沼泽化的风险。相较湖泊而言，水库不仅淤积速率快，碳氮磷等营养盐埋藏量也较高，太平水库、柘林水库沉积物的总氮、总磷、有机质的含量都很高。

从水体、沉积物营养盐的相关性看，水库水体总磷与沉积物有效态磷呈相反的关系（见图 7－2），说明虽然水库沉积速率大、营养盐埋藏量大，但对水质的影响较小，且越是水深的水库沉积物淤积的营养盐越不易释放到水体中。而湖泊虽然沉积速率比水库小，但尤其是在浅水湖泊中，淤积的沉积物极易在风浪扰动引起的再悬浮作用下影响湖泊水体的透明度，淤积的营养盐也很容易再次释放到水体中影响湖泊的富营养化程度。富营养化湖泊的水体总磷与沉积物有效态磷呈正相关的关系，说明在这些长江中下游浅水湖泊中，水土界面营养盐交换较为频繁，水相与沉积相的营养盐相互影响，泥沙淤积伴随着营养盐淤积，营养盐淤积则对水质的持续富营养化有很大的作用。而过水性湖泊虽然沉积速率快，但水相与沉积相营养盐相关性不明显，说明相互影响的作用较小。从以上三种湖泊的沉积差异看，水文条件、富营养化程度都应成为湖泊淤积分类的重要影响因子。

7.1.2 蒙新高原湖区湖泊环境调研

本研究在蒙新高原湖区选取了新疆维吾尔自治区的博斯腾湖、赛里木湖、艾比湖、柴窝堡湖、巴里坤湖以及内蒙古自治区的岱海、达里诺尔湖等湖泊进行水环境现场调研和水质样品采集分析（见图 7－3 和图 7－4），现场记录了湖泊水体透明度、浊度、深度等理化指标，对湖泊进行了沉积物和水样采集工作，带回实验室进行了相关水环境指标的分析测定工作，为湖泊淤积因素分析及湖泊分类提供依据。

现场调研记录的水体透明度、浊度，湖泊各采样点水深及实验室测定的营养盐含量等数据见表 7－2，新疆湖泊中水深最深的赛里木湖透明度最高，水体营养盐含量最低，水深较深的博斯腾湖水质也较好；艾比湖、柴窝堡湖、巴里坤湖在岸边采集泥柱，水深较浅，水体较浑浊，水体盐度很高；内蒙古自治区的岱海和达里诺尔湖营养盐含量也较高，水体浑浊程度随风浪、水动力等条件变化很大。

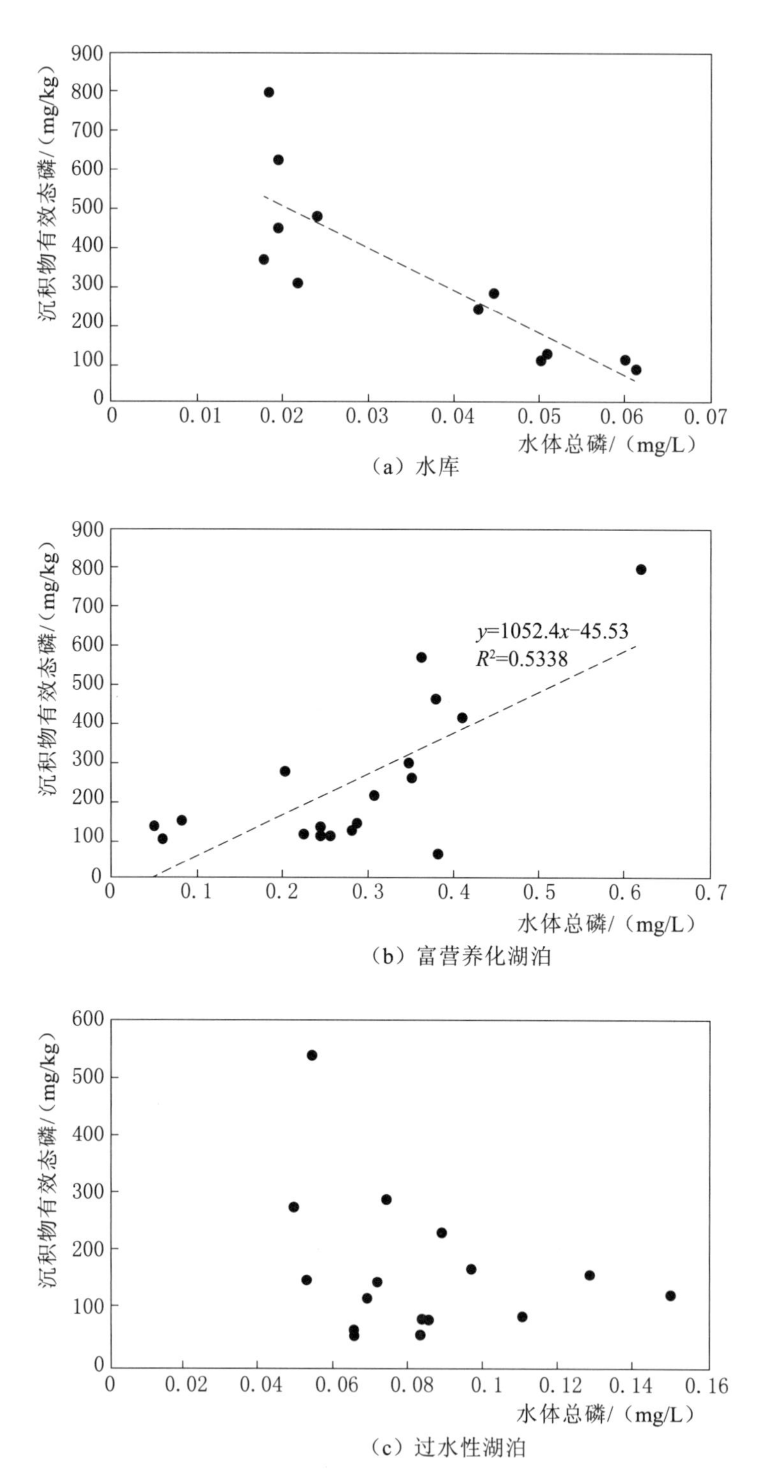

图 7－2 东部平原湖区部分湖泊水体总氮、总磷含量

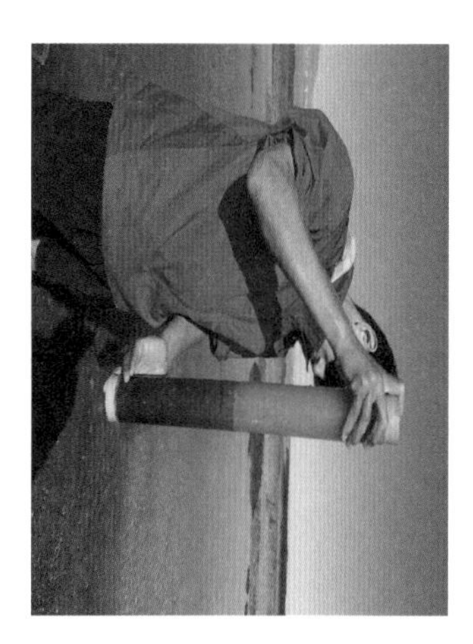

图 7-3　新疆高原湖区湖泊采样现场图

图 7-4　蒙新高原湖区湖泊采样现场图

表 7-2　　蒙新高原湖区湖泊调研现场记录数据

湖泊名称	测点号	透明度/m	浊度/NTU	水深/m	盐度/‰
博斯腾湖	BSTH1#	2.0	0.89	5.5	0.76
博斯腾湖	BSTH2#	1.5	1.28	8.8	0.80
博斯腾湖	BSTH3#	2.0	0.00	8.0	0.79
博斯腾湖	BSTH4#	2.5	8.69	13.0	0.79
博斯腾湖	BSTH5#	2.0	0.00	5.0	0.80
博斯腾湖	BSTH6#	2.2	0.00	8.4	0.82
博斯腾湖	BSTH7#	1.8	0.00	2.4	1.00
博斯腾湖	BSTH8#	2.0	0.00	5.0	0.84
博斯腾湖	BSTH9#	2.0	0.00	6.4	0.85

续表

湖泊名称	测点号	透明度/m	浊度/NTU	水深/m	盐度/‰
博斯腾湖	BSTH10#	2.5	0.00	5.8	0.83
博斯腾湖	BSTH11#	2.2	0.00	5.6	0.84
博斯腾湖	BSTH12#	2.2	0.51	4.0	0.76
博斯腾湖	BSTH13#	1.6	1.00	5.4	0.77
博斯腾湖	BSTH14#	0.3	11.03	2.0	0.30
博斯腾湖	BSTH15#	2.5	0.00	9.3	0.83
博斯腾湖	BSTH16#	2.5	0.00	13.0	0.81
博斯腾湖	BSTH17#	2.0	0.00	10.2	0.80
博斯腾湖	BSTH20#	2.2	0.00	5.4	0.22
博斯腾湖	BSTH21#	0.6	12.53	1.3	0.17
博斯腾湖	BSTH22#	1.0	1.50	1.8	0.19
博斯腾湖	BSTH23#	见底	0.00	1.4	0.20
博斯腾湖	BSTH24#	见底	0.00	2.6	0.21
博斯腾湖	BSTH25#	见底	0.00	1.5	0.19
赛里木湖	SLM1#	10.0	0.00	48.0	1.87
赛里木湖	SLM2#	10.0	0.00	83.0	1.87
赛里木湖	SLM3#	11.5	0.00	87.0	1.87
艾比湖	ABH1#	见底	11.01	0.4	92.64
艾比湖	ABH2#	见底	12.39	0.4	94.20
艾比湖	ABH3#	见底	19.63	0.4	101.76
艾比湖	ABH4#	见底	21.56	0.5	95.30
柴窝堡湖	CWPH1#	见底	609.78	0.3	6.72
柴窝堡湖	CWPH2#	见底	492.05	0.3	6.90
柴窝堡湖	CWPH3#	见底	499.72	0.3	6.73
巴里坤湖	BLKH1#	见底	48.95	0.3	59.62
巴里坤湖	BLKH2#	见底	52.10	0.3	59.62
巴里坤湖	BLKH3#	见底	55.25	0.3	59.66
岱海	DH1#	0.95	6.26	5.0	
岱海	DH2#	1.25	4.28	7.2	
岱海	DH3#	1.25	4.11	3.0	12.53
岱海	DH4#	1.50	2.97	5.0	
岱海	DH5#	0.90	5.13	1.5	12.57
达里诺尔湖	DLH1#	0.50	20.91	6.1	6.36
达里诺尔湖	DLH2#	0.55	20.67	8.9	6.35
达里诺尔湖	DLH3#	0.55	20.28	8.5	6.34

蒙新高原湖泊沉积物的营养盐含量也很高，总氮含量平均值接近3000mg/kg，超过了东部平原湖区湖泊；总磷含量平均值超过580mg/kg，也超过了东部平原湖泊沉积物磷含量的水平（见图7-5）。说明新疆湖泊虽然沉积速率不高，但沉积的营养盐量较高，而沉积速率不高主要与新疆湖泊径流量小有关；内蒙古湖泊沉积速率和沉积的营养盐含量都很高，有很大的萎缩风险和富营养化风险。

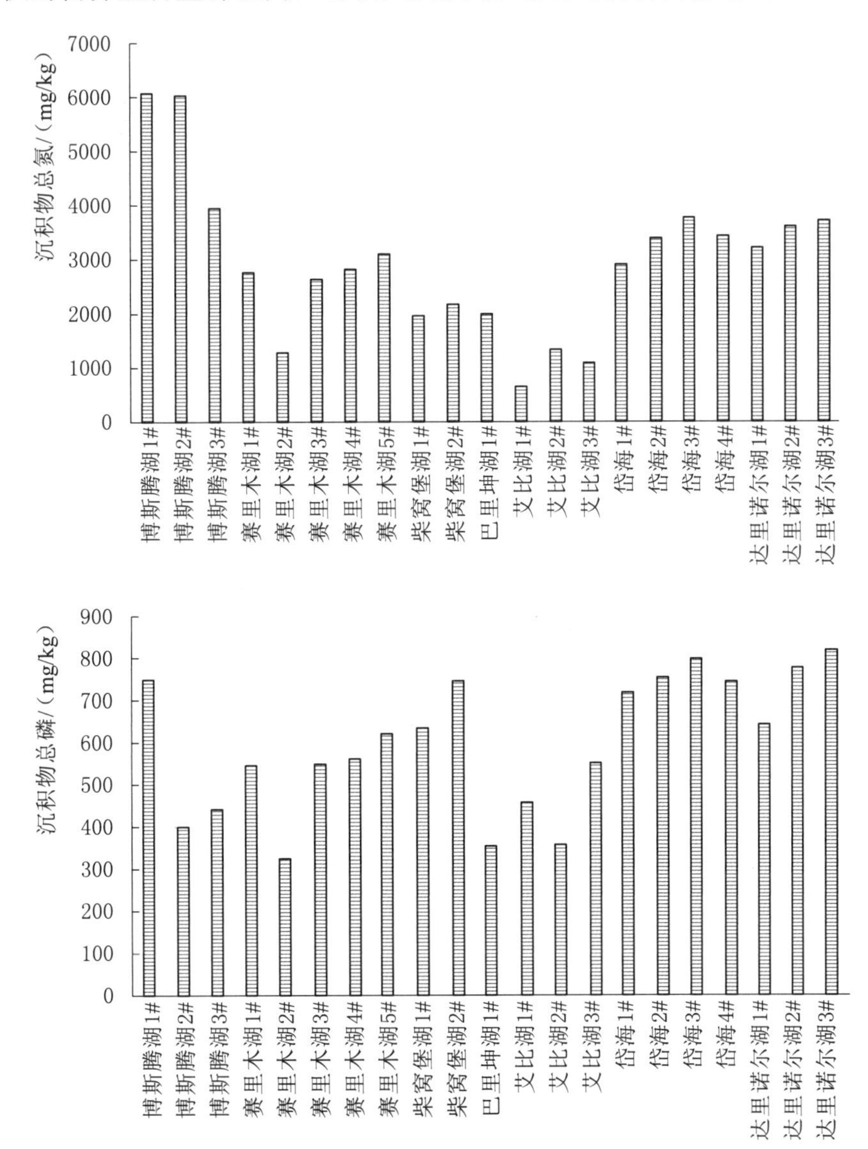

图7-5 蒙新湖泊沉积物总氮、总磷浓度

7.1.3 云贵高原湖区湖泊环境调研

本研究开展了云贵高原湖区湖泊沉积相关的环境调研，选取了滇池、洱海、星云湖等湖泊进行现场调研和采样测定（见图7-6），现场记录了湖泊水体透明度、浊度、深度等，并对湖泊进行了沉积物和水样采集分析测定工作。

图7-6 云贵高原湖区湖泊采样现场图

现场调研记录的水体透明度、浊度，湖泊各采样点水深及实验室测定的营养盐含量等数据见表7-3，三个湖泊的水质呈现明显差异，滇池和星云湖富营养化程度较严重，水体透明度很低，滇池透明度不超过0.3m，星云湖透明度不超过0.5m，浊度及叶绿素浓度都较高，叶绿素浓度均接近200μg/L，通常叶绿素浓度超过40μg/L即可引起藻类水华问题；洱海水质较好，水体较清澈，透明度超过2m，浊度也很低。

表7-3　云贵高原湖区湖泊调研现场记录数据

湖泊名称	测点号	透明度/m	浊度/NTU	水深/m	叶绿素/(μg/L)
滇池	DC1#	0.25	58.03	5.0	181
滇池	DC2#	0.30	66.32	4.7	113
滇池	DC3#	0.28	57.75	4.6	168
洱海	EH1#	2.08	5.86	11.3	22
洱海	EH2#	2.20	1.86	13.4	27
星云湖	XYH1#	0.45	40.98	9.1	149
星云湖	XYH2#	0.45	57.08	9.0	161
星云湖	XYH3#	0.50	47.82	8.7	151

近年来云贵高原部分湖泊面临比较严重的富营养化问题。星云湖是所有调研湖泊中营养盐含量最高的湖泊，水体和沉积物营养盐含量都极高（见图7-7），沉积物总氮含量接近10000mg/kg，沉积物总磷含量均值超过2500mg/kg，有机碳含量超过8%，水体总磷浓度高达0.65mg/L。

云贵高原湖泊尤其是云南湖泊近年来人类活动干扰较大，包括湖泊周边大量开发活动以及对于湖泊富营养化问题高强度的治理工作，这些人类活动对于湖泊出入湖流的改变会影响云贵湖泊的沉积以及营养盐沉积状况。云贵高原湖泊换水周期通常较长，湖泊水质需要较长时间才能恢复。

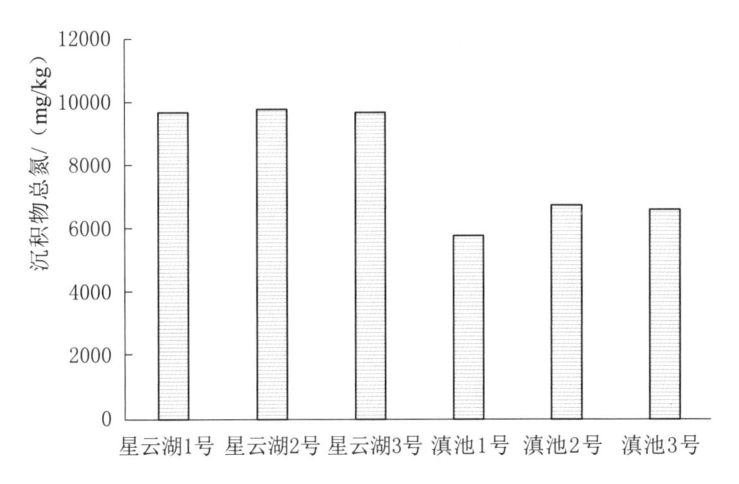

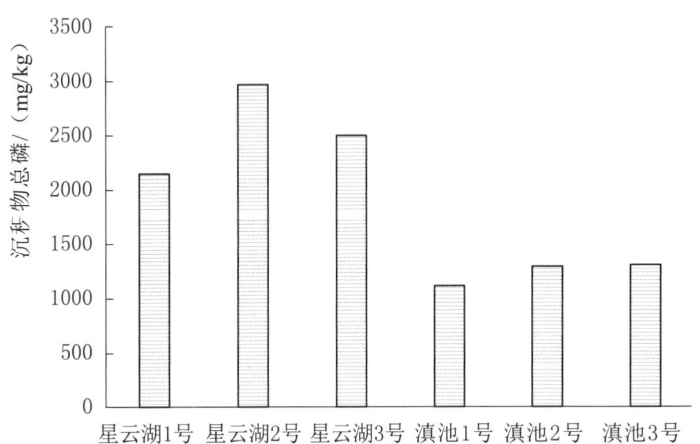

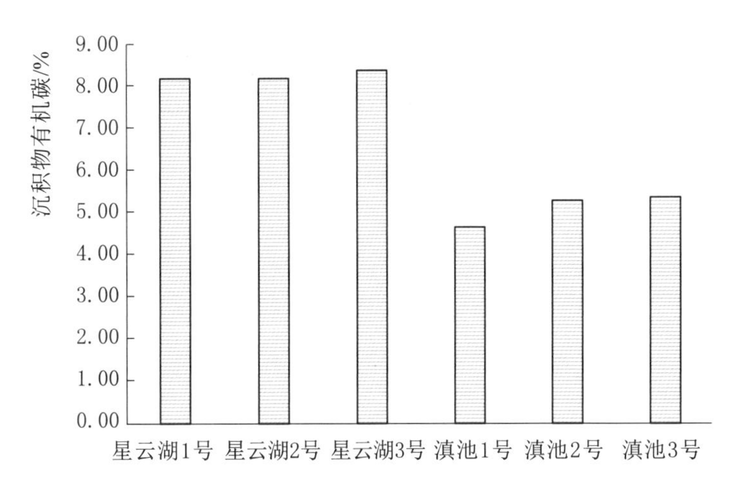

图 7-7　星云湖和滇池沉积物总氮、总磷、有机碳含量

7.1.4 东北平原湖区湖泊环境调研

在东北平原湖区选择五大连池和丰满水库进行沉积相关的环境调研。沉积物和水样采集分析数据显示，五大连池沉积物营养盐含量也较高，总氮超过5000mg/kg，总磷超过1100mg/kg，低于云南省严重富营养化的星云湖和滇池，但比绝大部分蒙新高原湖泊和东部平原湖泊都要高，这与五大连池堰塞湖的属性以及周边人类活动加剧都有关。五大连池和丰满水库的水体碳氮磷营养盐也较高，见表7-4。

表7-4 东北平原与山区湖库水环境调研数据

湖泊名称	测点号	TN/(mg/L)	TP/(mg/L)	COD/(mg/L)	叶绿素/(μg/L)
五大连池	表层	1.48	0.072	2.08	19
五大连池	中层	1.43	0.083	2.36	19
五大连池	底层	1.46	0.121	2.08	20
丰满水库	1号-表	1.54	0.035	4.46	25
丰满水库	1号-中	1.50	0.035	4.46	24
丰满水库	1号-底	2.16	0.088	4.76	2
丰满水库	2号-表	1.51	0.026	4.30	21
丰满水库	2号-中	1.52	0.022	1.41	23
丰满水库	2号-底	1.83	0.062	4.15	1
丰满水库	3号-表	1.64	0.048	4.15	19
丰满水库	3号-中	1.77	0.053	4.15	22
丰满水库	3号-底	1.88	0.075	4.46	3

东北平原湖区湖泊由于特有的地质条件和人文影响，如五大连池为火山喷发形成的堰塞湖，使得湖泊淤积物氮磷营养盐含量很高，且生物有效态磷含量较高，湖泊有较大的富营养化潜力。

7.1.5 青藏高原湖区湖泊环境调研

在青藏高原湖区选择扎日南木错、塔若错、达瓦错、仁青休布错、昂拉仁错等湖泊进行沉积相关的环境调研。青藏高原湖区湖泊湖水清澈，湖体透明度高，测定透明度的11个湖泊平均水深64m，平均透明度7.25m，远远高于其他湖区，水体浊度多数不超过1NTU。

青藏高原湖泊沉积物碳氮磷含量与其他湖区相比较低，仅高于东部平原湖区湖泊（见图7-8）。青藏高原五个湖泊沉积物总氮含量均值为2612mg/kg，仅为星云湖沉积物总氮含量 1/4，总磷含量为 513mg/kg，仅为星云湖沉积物总磷含量 1/5，有机碳含量为 2.2%。

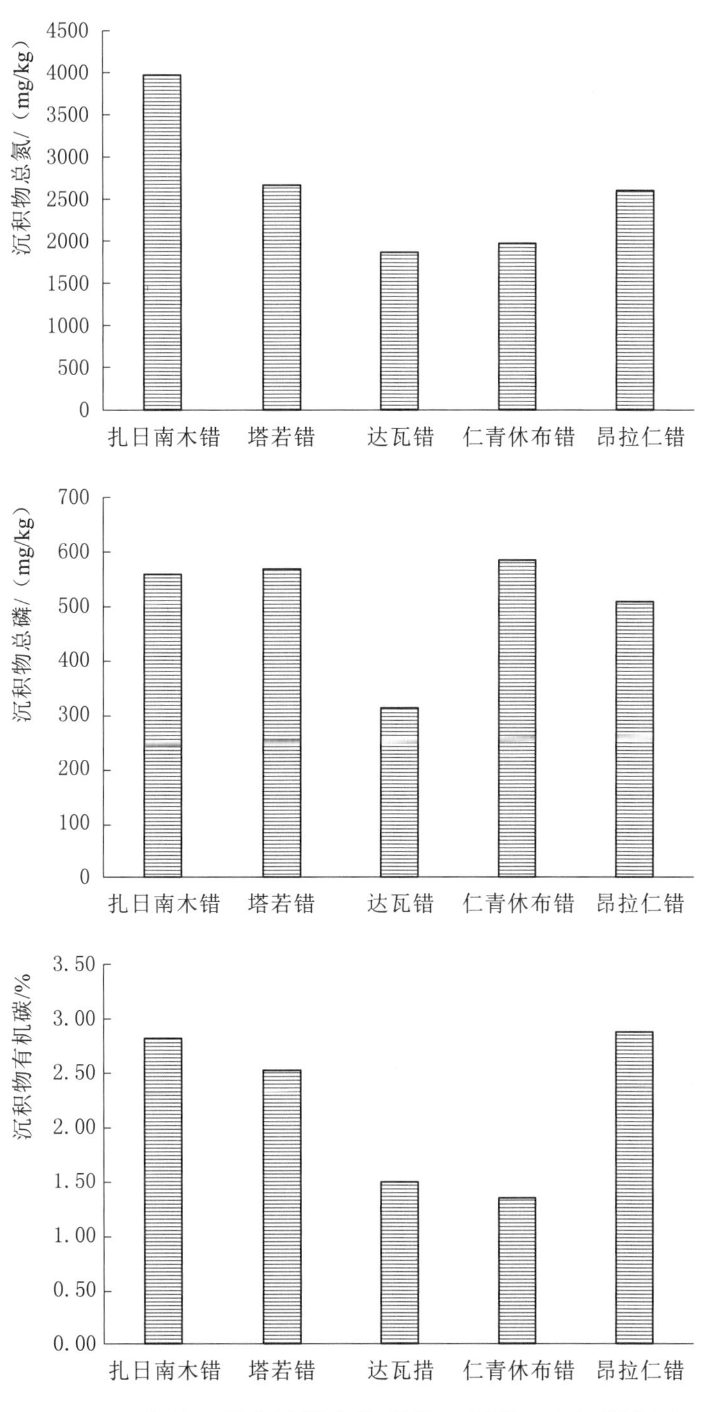

图 7-8 青藏高原湖泊沉积物总氮、总磷、有机碳含量

7.2 湖泊淤积主要影响因素

湖泊沉积淤积的影响要素复杂，湖区地质构造、流域的气象水文过程、湖体水生生物的群落结构以及流域人类活动的干扰都对湖泊淤积过程有影响。湖泊的湖盆构造、地形、水深、坡度等都决定了入湖碎屑的运动和分布状态，是决定湖泊淤积的首要因素，总体而言，平原地区湖泊沉积速率高于山地湖泊。

湖泊沉积速率受降雨径流等水文过程的影响巨大，降雨径流越大，裹挟流域泥沙碎屑等进入湖体越多，沉积速率越大。尤其是在人类活动较少的湖区，降雨量是湖泊沉积速率最重要的影响因素之一。青藏高原湖区纳木错等湖泊的沉积岩芯分析表明，湖泊淤积速率与流域降雨量有显著相关关系，近20年来，随着流域降雨量的增加，淤积速率也显著增加。在泥沙淤积问题较严重的通江湖泊，入湖泥沙量在雨季骤增，如洞庭湖7—9月的入湖泥沙量可占全年入湖泥沙量的80%，鄱阳湖4—6月入湖泥沙量占全年入湖泥沙量的70%。

湖泊沉积速率也受气候条件变化的影响。蒙新高原湖区等湖泊沉积可由风力吹扬沙尘直接入湖沉积，这些湖区的湖泊沉积就会受到风速等气象条件的影响；草型湖泊的沉积速率与湖体水生生物的生长、衰亡程度有关，光照、温度、湿度等气候条件的变化就会通过影响水生植被等生长、衰亡过程从而导致生物沉积速率的变化。

除气象条件、水文过程等自然因素外，随着经济的发展、人口的增加，湖泊沉积速率受流域人类活动过程的影响也越来越大。如长江中下游平原等地区湖泊近年来大量进行的围湖造田、围网养殖等活动，以及对流域土地的过度开发利用导致植被破坏、水土流失加剧等，使得湖泊淤积速率增加、湖泊面积减小。

将全国3200余个湖泊30年来面积变化情况与同时期的降雨量变化情况作对比，同时以夜间灯光量指示人类活动强度，夜间灯光量越大表明人口越密集、人类活动强度越大，将湖泊的流域人类活动变化与湖泊面积变化情况作对比，发现不同湖区湖泊之间淤积影响因素差异很大：

（1）内蒙古中东部大部分湖泊以及青藏高原湖区部分湖泊，近30年降雨量增加，人类活动无明显变化，湖泊面积下降，说明这些区域湖泊沉积速率变化更多受到水文因素影响，降雨量增加带来了流域更多碎屑等输入，导致湖泊淤积增加，也一定程度上引起了湖泊面积下降。

（2）东部平原湖区东南部湖泊，近 30 年降雨量增加，人类活动增加，湖泊面积下降，说明长江中下游地区湖泊受到气象水文条件和人口活动的双重影响，人类围湖或流域土地利用开发等活动增加以及降雨量增加共同加速了湖泊沉积，也影响了水面面积。

（3）云贵高原湖泊部分湖泊降雨量下降而人类活动增加，湖泊面积下降，说明该区域湖泊沉积速率主要受到人类活动的影响，结合调研结果看，云贵高原部分湖泊不仅沉积速率增加，沉积物营养物质也显著增加。

（4）青藏高原湖区大部分湖泊流域降雨量增加，人类活动无明显变化，湖泊面积增加；蒙新高原湖区中西部、东部平原湖区北部的大部分湖泊，流域降雨量、人类活动和湖泊面积同时增加，说明这些区域的湖泊受人类活动影响较小，而尽管更多的降雨带来了沉积速率的增加，但是青藏高原湖区等湖泊整体沉积速率较低，降雨量增加带来的淤积增加对湖泊的储水量、湖泊面积的影响并不大，降雨量为湖泊带来更多的是水量增加效应。

7.3 湖泊淤积环境效应

湖泊淤积造成湖泊底质增加，在水位不变的情况下造成湖泊储水量下降、水量资源减少。以湖泊淤积速率最高的东部平原湖区典型湖泊为例，洞庭湖年淤积速率 3.5cm/a，即不到 30 年的时间洞庭湖水深就减少 1m，洞庭湖在第一次全国湖泊调查中最大水深 23.5m，到第二次全国湖泊调查中最大水深已至 18.67m。事实上“八百里洞庭”在历史鼎盛时期曾有 6000km^2 的水面面积，在过去的 400 年间由于人类开发利用、建造水利设施等使湖盆急剧萎缩，而今水面面积仅为 2625km^2。以非通江湖泊太湖为例，年淤积速率为 0.34cm/a，相比洞庭湖淤积速率较小，但太湖水浅，浅水湖泊水深稍有下降即会对储水量造成影响，太湖平均水深约 2m，第一次全国湖泊调查中最大水深 3.3m，湖泊面积 2425km^2，第二次全国湖泊调查中最大水深 3.1m，湖泊面积 2346km^2，按淤积速率推算，每 30 年水深将下降 5%。

采用遥感影像反演的方式更全面地探究湖泊面积变化情况。选取两个时段进行湖泊面积对比，由于 Landsat 卫星遥感数据最早到 20 世纪 80 年代，因此分别选取 1986—1990 年和 2010—2015 年两个时间段，时间差距 20～30 年。基于这两个时段的全国 Landsat 数据，提取了我国 3200 多个湖泊水面积在这两个时段的分布情况，以及两个时段水面积变化情况。湖泊面积整体表现为下降的湖泊有1280个，整体表现为上升的有1693个，不变的有248个。新增水体面积为12098km²，衰退面积为8160km²，不变水体面积为82886km²，水体面积整体表现为增加，这其中主要是青藏高原湖泊面积的增加。

五个湖区湖泊面积变化情况差异很大（见图7-9）。青藏高原湖区大部分湖区面积增加，新增水体面积为6232km²，是五大湖区中湖泊面积增加最多的湖区；东部平原湖区大部分湖泊水体面积衰退，衰退面积为4473km²，是五大湖区中面积衰退最严重的湖区；东北平原湖区新增水体面积为483km²，衰退面积为1284km²，水体面积整体表现为衰退；蒙新高原湖区的湖泊面积变化差异很大，新疆大部分湖泊面积衰退，内蒙古面积衰退的湖泊数量多，但面积新增的湖泊新增水体面积较大，使得蒙新高原湖泊水体面积整体表现为增加；云贵高原湖区湖泊面积则变化不大。青藏高原湖泊面积增加最大，这与气候变化、冰川融水增加有很大关系，而东部平原湖泊面积衰退最严重，与人类围垦、围网养殖、沉积物淤积有关。

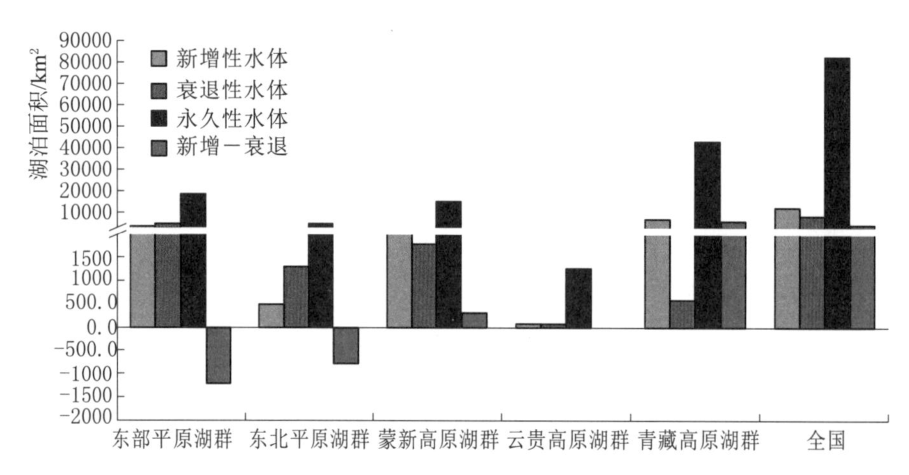

图7-9 两个时段（1986—1990年，2010—2015年）不同湖区湖泊面积变化

东部平原湖区湖泊沉积速率在五大湖区中最大，湖泊水面消退情况也相应最为严重。因此，重点关注东部平原湖区典型湖泊面积变化情况。结果表明，沉积速率最大的洞庭湖在近30年间水面消失面积高达798km²，是东部平原湖区水面消退最多的，鄱阳湖水体消失面积639km²，洪湖水体消失面积为37km²，菜子湖消失水体面积为43km²，泊湖消失水体面积为29km²，斧头湖消失水体面积为33km²，石臼湖水体消失面积为33km²，黄大湖水体消失的面积为69km²，龙感湖消失水体面积为60km²，南漪湖消失水体面积为23km²（见图7-10）。这些湖泊水面积的缩减，一部分是由于通江湖泊沉积速率较大造成的淤损，一部分是由于人类围垦占据了水面。

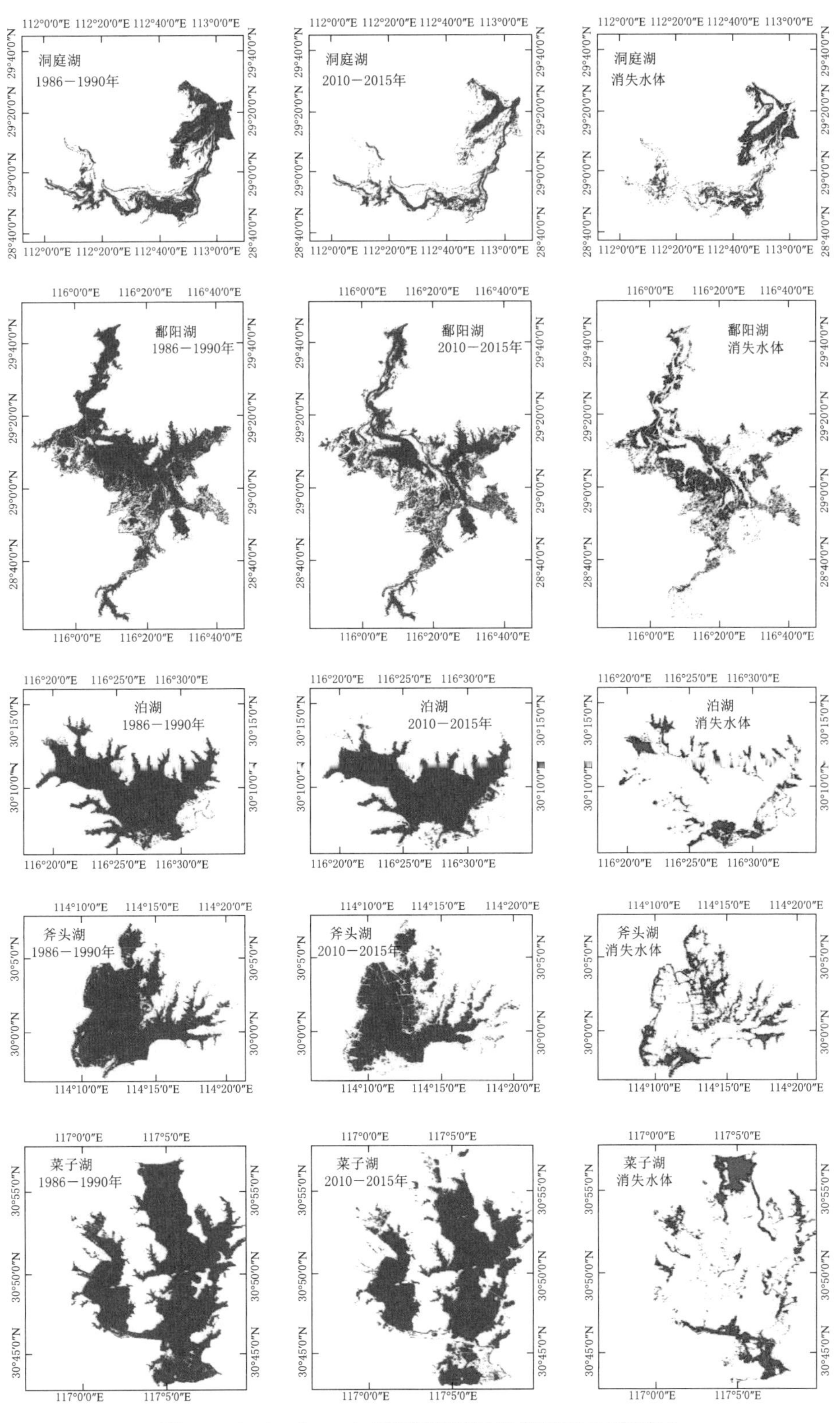

图7-10（一） 东部平原湖区典型湖泊面积变化

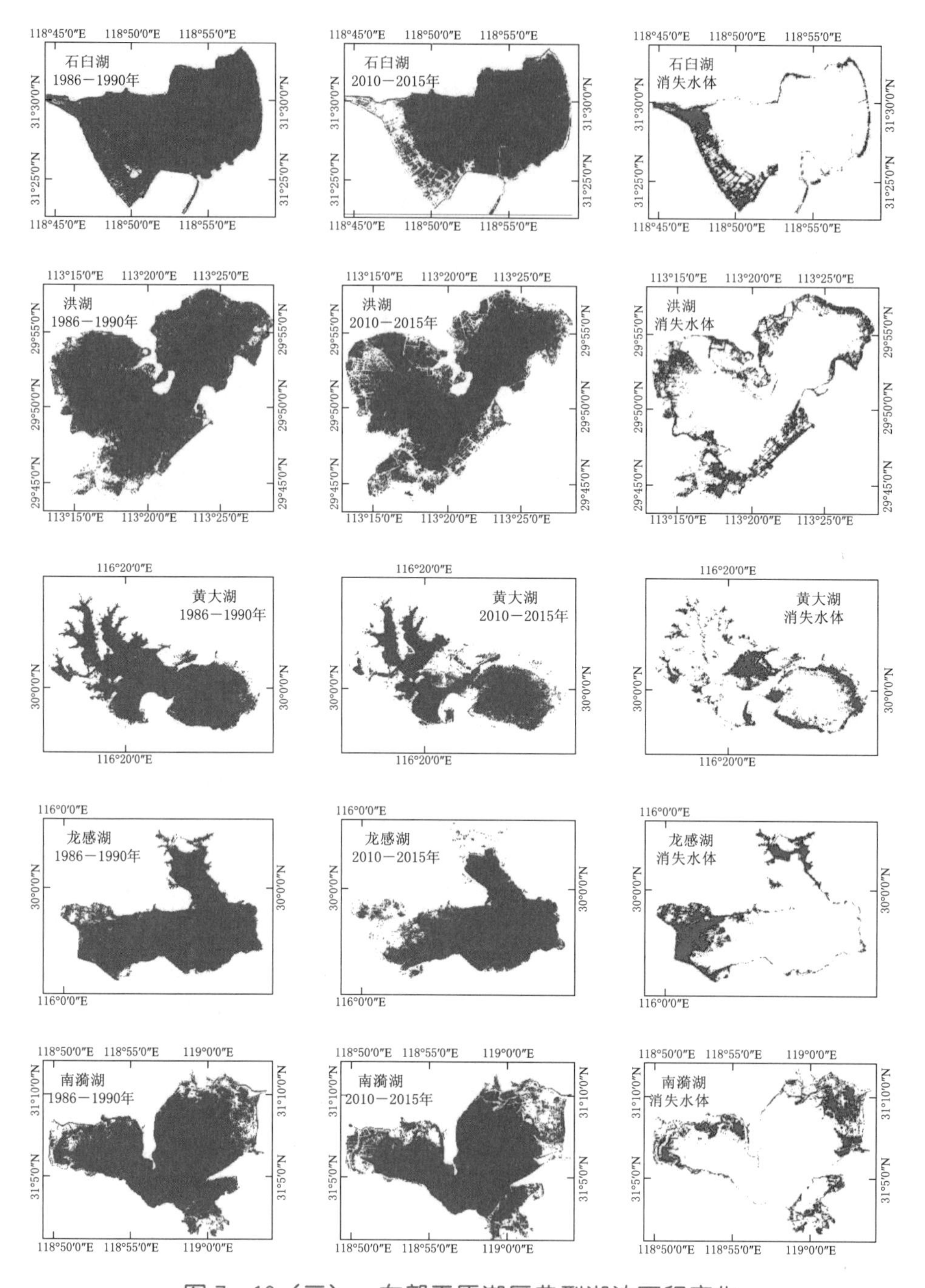

图 7-10（二） 东部平原湖区典型湖泊面积变化

湖泊淤积除了对湖泊水量造成影响外，对湖泊水质也有深远的影响。湖泊淤积往往伴随着盐类物质沉积、营养盐沉积或是污染物的沉积。盐类物质的沉积易引起湖泊咸化，尤其是在内陆水体，蒸发强烈，湖水不断浓缩咸化，盐度改变使湖泊生态系统改变。碳氮磷等营养盐沉积或是重金属等污染物沉积则往往会造成湖体富营养化等水环境水生态问题，尤其是在浅水湖泊，营养盐进入沉积物后极易在风浪扰动等干扰下回到上覆水体，引起初级生产力增加、湖泊生态系统紊乱等富营养效应。

湖泊淤积的环境效应在不同湖区的湖泊中有很大差异。以湖泊淤积造成的富营养化效应为例（见图 7－11），富营养化湖泊的水体总磷与沉积物有效态磷呈正相关的关系，无论是在东部平原湖区还是云南的富营养化湖泊中，水土界面营养盐交换都很频繁，水相与沉积相的营养盐相互影响，泥沙淤积伴随着营养盐淤积，营养盐淤积则对水质的持续富营养化有很大的作用；而内蒙古自治区的湖泊以及通江湖泊虽然沉积速率快，但是沉积到湖底的有效态营养盐并不多，说明这些湖泊的沉积以泥沙等无机颗粒为主，沉积物对水相营养盐的作用也较小；水库沉积速率较湖泊大得多，水库沉积物中营养盐的淤积量也较湖泊高，但是水库水体营养盐很低，这种水体、沉积物营养盐含量的不同步性与水库易发生底泥淤积的特性有关，湖库来水中以颗粒态形式存在的磷易沉积到底部沉积物中，而水库的深水环境使沉积物中淤积的营养盐不易释放到上覆水中，造成“水体营养盐低底泥营养盐高”的现象。从水体、沉积物营养盐的相关性看，水库水体总磷与沉积物有效态磷呈相反的关系，说明虽然水库沉积速率大、营养盐埋藏量大，但是对水质的影响较小，且越是水深的水库沉积物淤积的营养盐越不易释放到水体中；而湖泊虽然沉积速率比水库小，但是尤其是在浅水湖泊中，淤积的沉积物极易在风浪扰动引起的再悬浮作用下影响湖泊水体的透明度，淤积的营养盐也很容易再次释放到水体中影响湖泊的富营养化程度。

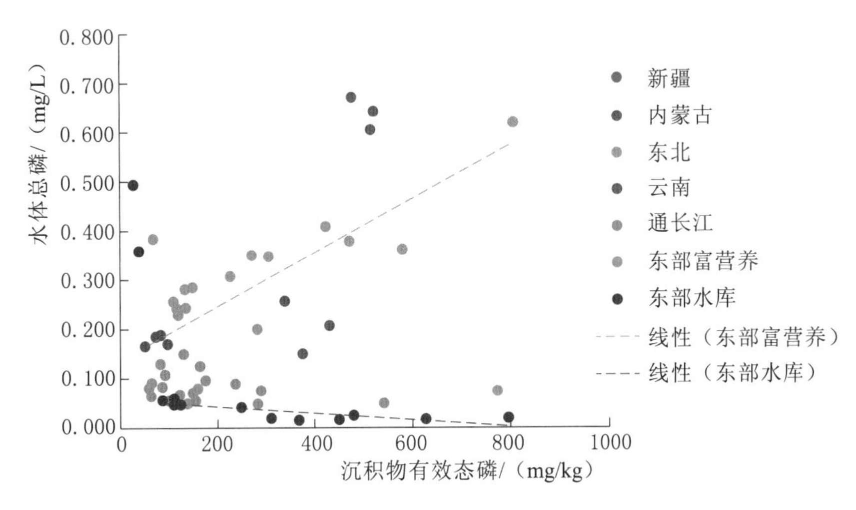

图 7－11　不同湖区部分湖泊水体与沉积物磷含量

7.4 湖泊淤积分类

在五大湖区湖泊沉积速率与水环境状况调研基础上，综合评估湖泊淤积速率、湖泊面积等变化情况，分析湖泊淤积速率受气象、水文、人类活动等条件的影响，以及湖泊淤积的萎缩、富营养化风险等，通过淤积成因、淤积速率和淤积风险等方面进行湖泊沉积分类。本研究拟从 3 个角度进行湖泊淤积分类，分别为：①按照湖泊淤积成因分类；②按照湖泊淤积速率分类；③按照湖泊淤积风险分类。

7.4.1 按照湖泊淤积成因分类

湖泊淤积的控制因素和影响因素主要有气候、水文、湖泊水生生物等自然因素，以及人类活动影响等人为因素，按照湖泊沉积不同成因，可将湖泊分为以下 4 类：

A. 受地形、水文主导的重力流沉积型湖泊

以入湖水流带进碎屑颗粒物形成沉积为主的湖泊划分为重力流沉积型湖泊，其沉积特征主要受地形结构和水文状况等影响，如山区湖泊岸坡陡峭，沉积物粗细混杂，平原湖泊沉积物则以细粒为主，洪泛区湖泊的沉积受洪水浊流影响。

B. 受气候主导的风尘沉积型湖泊

风力吹扬沙尘直接入湖沉积的湖泊可被划分为风尘沉积型湖泊，主要出现在干旱地区，如蒙新高原部分湖泊。

C. 受水生动植物主导的生物沉积型湖泊

以水生动物残骸以及腐烂衰亡的水生植物沉降等造成的生物沉积为主的湖泊划分为生物沉积型湖泊。东部平原湖区渔业发达的湖泊、水草茂盛的湖泊多为该类湖泊，且在同一湖泊内因水生生物分布差异造成巨大的沉积速率差异。

D. 受人类活动影响的淤泥沉积型湖泊

近年来由于人类对湖泊资源的过度利用，例如大量围湖造田、围网养殖，对流域土地利用开发过度造成水土流失加剧等，造成湖泊快速大量淤积且沉积物受到工农业废水污染，甚至导致湖泊萎缩、咸化、富营养化等问题，以这类淤积为主的湖泊划分为淤积沉积型湖泊。

按如上分类方式，各类别湖泊的主要特征和五大湖区湖泊的特征类型见表 7－5。分类的关键指标是降雨量、人口等影响因素与沉积的底质粒径特征，以

及沉积物中无机质、有机质、营养盐含量等。

表 7-5　按湖泊淤积成因分类湖泊

类别	重力流沉积型	风尘沉积型	生物沉积型	淤泥沉积型
主要成因	湖泊淤积与流域降雨量及入湖流量相关	风力吹扬沙尘直接入湖沉积	湖泊淤积与水生植被、水生动物相关	湖泊淤积与流域人类活动强度相关
关键指标	入湖水量；流域降水量	流域风速；无机质含量	水生植被；有机质含量	流域人口
底质特征	以粉砂为主	底质相对较粗，无机质含量高	以富含生物碎屑的淤泥为主，有机质含量高	底质粒径较粗，营养盐或污染物含量高
典型湖区	青藏高原湖区 云贵高原湖区 东北平原湖区	蒙新高原湖区	东部平原湖区	东部平原湖区 云贵高原湖区 东北平原湖区
典型湖泊	纳木错 抚仙湖 松花湖	岱海	洪湖	西湖 星云湖 五大连池

7.4.2　按照湖泊沉积速率分类

按照湖泊沉积速率，基于目前建立的湖泊淤积数据库，根据不同沉积速率下湖泊个数占比情况（见图 7-12）将湖泊进行初步划分。拟将湖泊分为如下 4 类：

$r<0.1$cm/a：极低沉积速率湖泊；

0.1cm/a$\leqslant r<$0.2cm/a：低沉积速率湖泊；

0.2cm/a$\leqslant r<$0.4cm/a：中沉积速率湖泊；

$r\geqslant$0.4cm/a：高沉积速率湖泊。

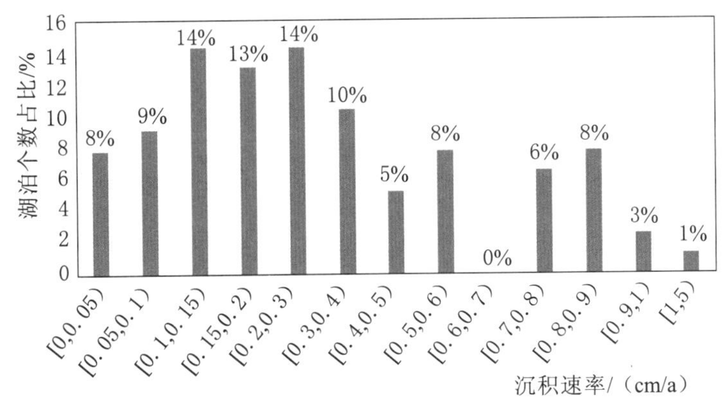

图 7-12　不同沉积速率下湖泊个数占比

五大湖区湖泊按照沉积速率划分类别后（见图 7－13），每个湖区都存在低、中、高不同沉积速率的湖泊，但总体而言，蒙新高原湖区和东北平原湖区几乎没有极低沉积速率湖泊，而青藏高原湖泊极低、低沉积速率湖泊较多。

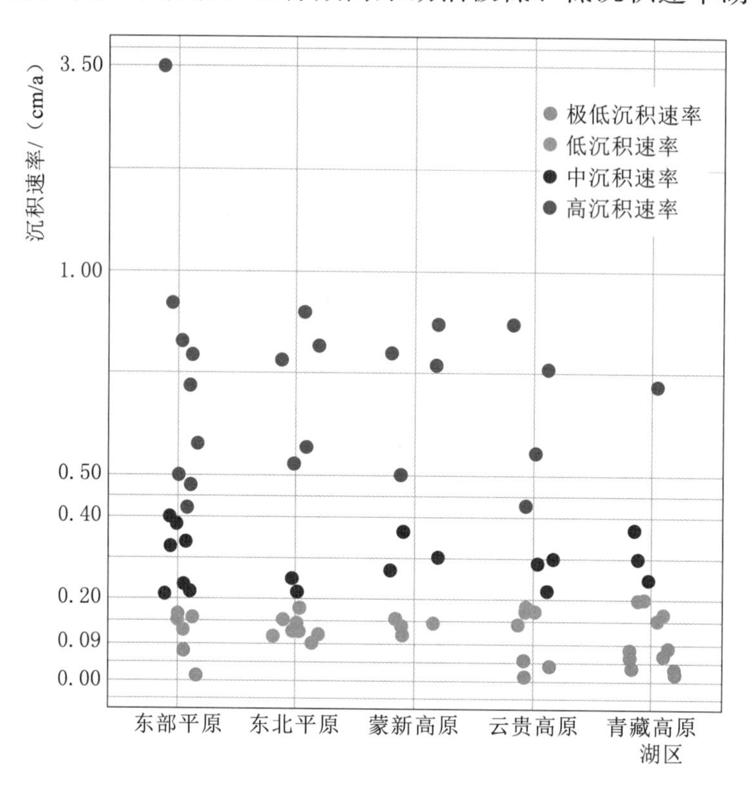

图 7－13　五大湖区不同沉积速率湖泊划分

7.4.3　按照湖泊淤积风险分类

湖泊淤积可造成湖泊面积萎缩、湖体富营养化、沼泽化、咸化等不同环境效应，按照湖泊淤积风险，将湖泊风险分为以下 4 类：

A. 萎缩风险

泥沙淤积导致湖盆缩小、水深变浅，从而导致湖泊面积减小，即引起湖泊萎缩风险。湖泊因淤积增加而萎缩多出现在通江、通河湖泊，如东部平原湖区的鄱阳湖、洞庭湖、洪湖等，湖泊面积与来水、来沙量关系密切，来水量减少、来沙量增加都深刻影响着湖泊面积。

B. 富营养化风险

湖泊泥沙淤积往往伴随着营养盐淤积，沉积物中营养盐的淤积则对水体营养盐的增加、水质的持续富营养化有很大的作用。云南省数个富营养化湖泊和长江中下游大部分湖泊目前都面临这种风险，尤其是浅水湖泊，沉积进入表层沉积物的营养盐极易在风浪扰动、底层缺氧等环境影响下释放到上覆水体中，沉积物与水体营养盐的相关性很好。

C. 沼泽化风险

多发生在浅水的生物沉积型湖泊，主要是由于生物残骸有机质含量高，因缺氧而未经充分分解，形成泥炭，最终演化为沼泽。湖泊或长或短都具有一定的寿命，最终多数将走向沼泽化的结局，但生物沉积增加会大大地缩短这种沼泽化的过程。

D. 咸化风险

湖泊沉积伴随着盐类物质沉积，内陆湖泊因气候干燥、蒸发强烈，湖水蒸发量超过补给量，湖水不断浓缩咸化，甚至出现盐类饱和发生结晶沉淀的现象。湖水盐度发生改变对湖泊生态系统影响很大，会改变湖泊的生物群落结构导致生物多样性降低。

按如上分类方式，各类别湖泊的主要特征和五大湖区湖泊的特征类型见表 7-6。分类的关键指标为泥沙淤积量、底质的有效态营养盐含量、有机质含量、盐度高低等。

五大湖区按照湖泊淤积最主要的两方面影响因子是气象水文过程和人类活动扰动，最主要的两个淤积风险是萎缩和富营养化。青藏高原湖泊水体面积主要受降雨和入湖水量影响，与 20 世纪 80 年代末相比面积增加，除少数湖泊外，普遍淤积速率较低，萎缩风险和富营养化风险都不大；蒙新高原湖泊就整个湖区而言湖泊面积增加，但是部分湖泊水位下降严重，萎缩风险突出，并伴随着咸化风险，主要是受到畜牧业、渔业、农业等人类活动影响，以及气象水文的影响；云贵高原湖泊尤其是云南星云湖、洱海等湖泊富营养化风险近年在增加，这与人类活动的加剧导致入湖营养盐淤积有关；东部平原湖泊面积衰退是五大湖区里最严重的，洞庭湖等通江湖泊因泥沙淤积引起明显的萎缩风险，东部平原湖泊水体富营养化的风险也很大，在密集的人类活动影响下输入了大量营养盐淤积在沉积物中；东北平原湖区湖泊面积与 20 世纪 80 年代相比衰退了超过 10%，但大部分湖泊受气象水文因素的影响更大。

表 7-6　　按湖泊淤积风险分类湖泊

类别	萎缩风险型	富营养化风险型	沼泽化风险型	咸化风险型
主要特征	入湖泥沙量增加引起湖泊淤积增加，湖泊面积减少	湖泊淤积伴随营养盐淤积，富营养化程度提高	湖泊淤积伴随有机质淤积，碳汇提高	湖泊淤积伴随盐度升高，湖水咸化

续表

类别	萎缩风险型	富营养化风险型	沼泽化风险型	咸化风险型
关键指标	入湖泥沙量	营养盐含量	有机质含量	盐度
底质特征	粒径分布广	底质有效态营养盐含量高	底质有机质含量高	矿物质含量高
典型湖区	东部平原湖区 蒙新高原湖区	东部平原湖区 云贵高原湖区 东北平原湖区	东部平原湖区	蒙新高原湖区
典型湖泊	洞庭湖 鄱阳湖	巢湖 星云湖 五大连池	洪湖 太湖东太湖	岱海 艾比湖

我国典型水库湖泊泥沙淤积基础数据库建设

全国典型水库湖泊泥沙淤积基础数据库系统是基于地理信息系统技术和信息技术开发的数据库管理系统，可实现全国典型水库、湖泊的空间分布、空间数据浏览和查询，以及水库湖泊泥沙淤积基础数据的查询、统计功能。

8.1　系统概述

8.1.1　建设目标

基于地理信息系统和多种现代信息技术开发的数据库管理系统，构建一个集数据处理、监测管理、可视化平台于一体的大数据平台，实现全国典型水库、湖泊的空间分布、空间数据浏览和查询，以及基于专题数据的水库湖泊泥沙淤积基础数据的查询、统计功能，以信息化提升数据化管理与服务能力，促进“用数据说话、用数据管理、用数据决策、用数据创新”的数据管理和利用能力提升。

8.1.2　建设原则

（1）统一规划标准。打破部门之间的界限，立足全局，统筹规划，统一技术标准。各个部门要服从总体规划，避免重复建设。根据实际需要，急用先建、逐步推进。

（2）技术先进安全实用。采用先进、成熟的技术，加强系统安全建设，实现“实用性、先进性、开放性、标准性、安全性”统一，为系统集成运行、技术升级提供保证。

(3) 分级建设管理。按照“谁受益、谁建设、谁管理”的要求，充分调动各部门参与数据库建设的积极性。

(4) 信息资源高度共享。内部要实现资源共享，充分利用水利公共信息基础设施和相关行业信息资源，实现与省、市、流域机构等水利业务主管部门的互联互通、资源共享。

(5) 先进性和成熟性原则。系统开发研究及建设要尽可能采用最先进的技术、方法、软件、硬件和网络平台，确保系统的先进性，同时兼顾成熟性，使系统技术成熟，运行可靠。系统在满足全局性与整体性要求的同时，能够适应未来技术发展和需求的变化，使系统能够可持续的扩展和发展。

(6) 标准化和开放性原则。系统的建设要严格按照国家、地方和行业的有关标准与规范，如空间数据分层与编码、数据质量与元数据标准等，并适当考虑与国际接轨。在没有标准与规范的情况下，要参照国家、地方和行业的相关标准与规范，制订相应的标准与规范。系统的分析、研究、设计、实现和测试要严格按照软件工程标准和规范，并尽可能采用开放技术和国际主流产品，以确保系统符合国际上的各种开放标准。

(7) 可维护性和扩展性原则。为了确保系统的可持续发展，系统应具有较强的可维护性和扩展性。当机构调整、认识变动、业务内容与流程变更时，能方便地进行系统流程和功能的调整，以适应系统需求变化；系统能够方便地进行管理与维护，软、硬件的升级不影响正常运作，系统功能、结构以及数据库可方便地扩展。

(8) 安全性和保密性原则。保证网络环境下数据的安全，防止病毒入侵、非法访问、恶意更改毁坏，采取完备的数据保护和备份机制。未了防止非授权用户的非法入侵，自动记录用户访问的情况和操作过程，以备日后查询。

(9) 高性能、稳定性和可靠性原则。在系统开发研究及设计时，应从系统结构、技术措施、软硬件平台、技术服务和维护响应能力等方面综合考虑，确保系统较高的性能，如在网络环境下对空间图形的多用户并发操作要具有较高的稳定性和响应速度，综合考虑确保系统应用中最低的故障率，确保系统的稳定性。

(10) 经济、时效性原则。系统建设投资要控制在用户所能承受的范围内，并尽可能利用现有的资源（软件、硬件、数据和人员），按计划在规定的时间内高质量高效率实现系统的总体与阶段性目标。

8.1.3 关键技术

本关键技术的研究方向包括三个方面：一是针对收集的水库和湖泊数据的海量、异构等特性，提出面向不同类别的数据集合数据模型；二是利用Web技术对获取汇集的数据进行检索、处理和统计分析，提供不同权限控制下基于网络的数据浏览、查询、分析与存储；三是基于B/S架构研发由进出湖库水沙量、典型断面变化、湖库淤积量及分布、湖库淤损率、水库运用方式和各项功能发挥情况等部分组成的水库和湖泊淤积基础数据库。其中，使用的关键技术主要包括：

（1）基于J2EE技术，采用B/S/D三层结构。在技术体系上选用J2EE技术，采用B/S/D三层结构进行应用系统的开发，提供分布式、高可靠性、先进的解决方案。J2EE是一个已经被实践证明的、成熟的、成功的企业级应用解决方案，并拥有大量的成功案例。J2EE架构在大中型应用中使用较多。

（2）基于Portal技术，整合业务应用资源。将基于Portal门户技术对分布式系统表示层进行集成。门户将分散、异构的应用和信息资源进行聚合，通过统一的访问入口，实现各种应用系统的无缝接入和集成，提供一个支持信息访问、传递以及协作的集成化环境，实现个性化业务应用的高效开发、集成、部署与管理。

（3）采取Web Service技术，统一传输与交换标准。在数据交换与传输过程中，统一采用Web Service接口的方式，向外提供数据共享接口服务。Web Service是一个面向服务的环境，从体系结构上看，服务提供者、服务请求者、服务代理者通过三种基本操作有机的联结在一起协同工作。三种基本操作用Web Service技术组件实现，Web Service的组件基本部分包括HTTP、XML、SOAP、UDDI、WSDL。发布服务使用UDDI，查找使用UDDI和WSDL的组合绑定服务使用WSDL和SOAP。数据交换和表示的标准语言XML与UDDI、WSDL、SOAP标准实现了Web Service。在数据交换与传输过程中，统一采用Web Service接口的方式，向外提供数据共享接口服务。

（4）基于ETL技术，集成业务应用数据。基于ETL技术，实现异构多数据源的数据集成，实现从关系型数据库、桌面文本文件、XML文件或遗留的应用系统中提取数据。ETL作为数据集成中的一个重要技术，是BID/W的核心和灵魂，能够按照统一的规则集成并提高数据价值，而且各种类型的数据能通过ETL工具形成主题数据库，建立数据仓库，进而为数据分析应用提供支持。

（5）采用ECharts构建数据可视化图表。ECharts是一款基于Javascript

的数据可视化图表库，提供直观、生动、可交互、可个性化定制的数据可视化图表。Echarts 提供了大量常用的数据可视化图表，底层基于 ZRender（一个全新的轻量级 canvas 类库），创建了坐标系，图例，提示，工具箱等基础组件，并在此上构建出折线图（区域图）、柱状图（条状图）、散点图（气泡图）、饼图（环形图）、K 线图、地图、力导向布局图以及和弦图，同时支持任意维度的堆积和多图表混合展现。

（6）GIS 地理信息系统。GIS 是一种特定的十分重要的空间信息系统。它是在计算机硬、软件系统支持下，对整个或部分地球表层（包括大气层）空间中的有关地理分布数据进行采集、储存、管理、运算、分析、显示和描述的技术系统。本项目采用百度地图 JavaScript API 进行地图开发，百度地图 JavaScript API 是一套由 JavaScript 语言编写的应用程序接口，它能够在网站中构建功能丰富、交互性强的地图应用程序，提供基本地图展现、搜索、定位、逆/地理编码、路线规划、LBS 云存储与检索等功能，适用于 PC 端、移动端、服务器等多种设备，多种操作系统下的地图应用开发。

8.2 系统架构

本系统的技术架构如图 8-1 所示。

1. 基础资源层

基础资源层包括操作系统、数据库、GIS 系统以及网络与通信系统、主机存储与备份系统、信息安全系统、大屏幕显示系统等，是作为大数据中心的业务支撑和获取数据的入口，为数据资源中心提供数据来源。

2. 数据层

数据层是数据资源中心的核心资产所在，实现将来自不同业务系统及手工采集的数据通过数据交换平台进入中心数据库，通过数据融合，逐层构建数据仓库，并在此基础上形成数据资源目录。

3. 服务层

服务层是数据资源与上端应用和展现之间的媒介，将数据封装为服务对外提供访问，既是上层易用性的需要，也是下层数据安全的需要。数据服务层分为数据汇聚服务和数据交换服务。

4. 应用层

应用层是对水库湖泊等数据情况的可视化展示应用，包括水库查询统计、湖泊查询统计、一站式检索平台和数据共享平台等。

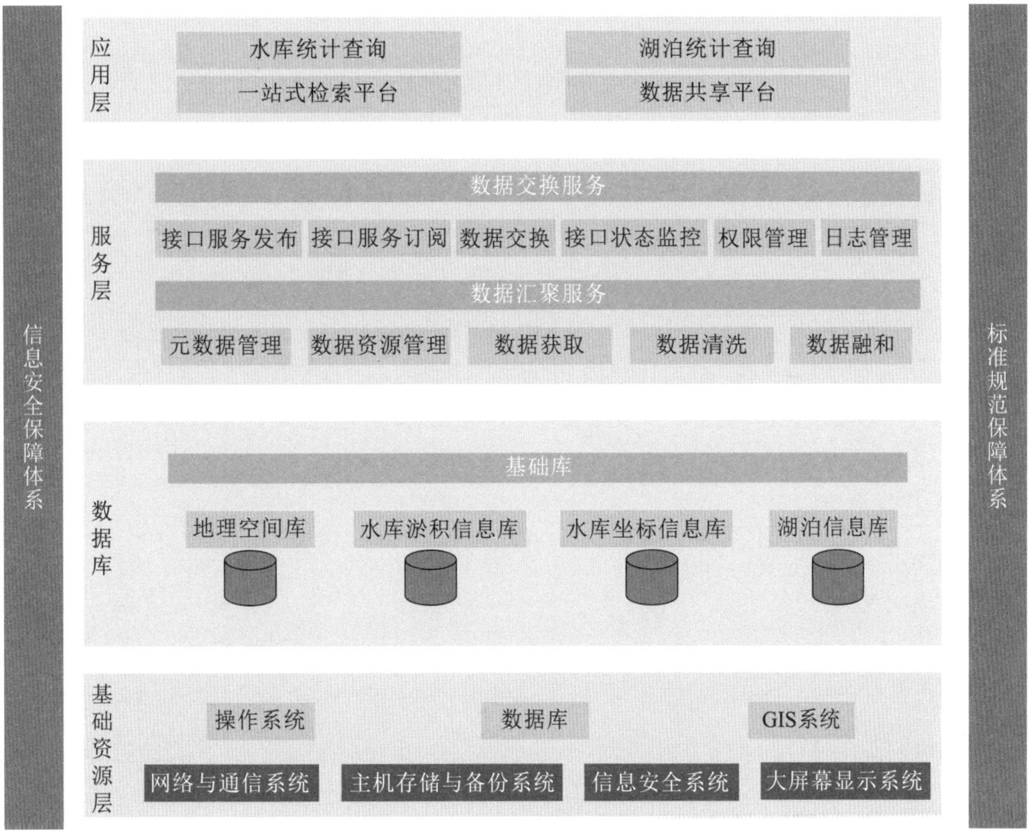

图 8-1 系统框架示意图

8.3 建设内容

8.3.1 基础数据库建设

建设内容主要包括：一是针对收集的水库和湖泊数据的海量、异构等特性，提出面向不同类别的数据集合数据模型，设计科学合理的数据库表来存储和管理水库淤积信息、湖泊淤积信息、水库坐标等数据；二是利用 Web 技术对获取、整理汇集的数据进行检索、处理和统计分析，提供不同权限控制下基于网络的数据浏览、查询、分析与存储；三是基于 B/S 架构研发由进出湖库水沙量、典型断面变化、湖库淤积量及分布、湖库淤损率、水库运用方式和各项功能发挥情况等部分组成的水库和湖泊淤积基础数据库。

经分析可以得出，全国水库湖泊泥沙淤积基础数据库的建设需要涵盖地理位置信息、水库淤积信息和湖泊淤积信息数据等方面的数据，全局 E-R

图如图 8－2 所示。

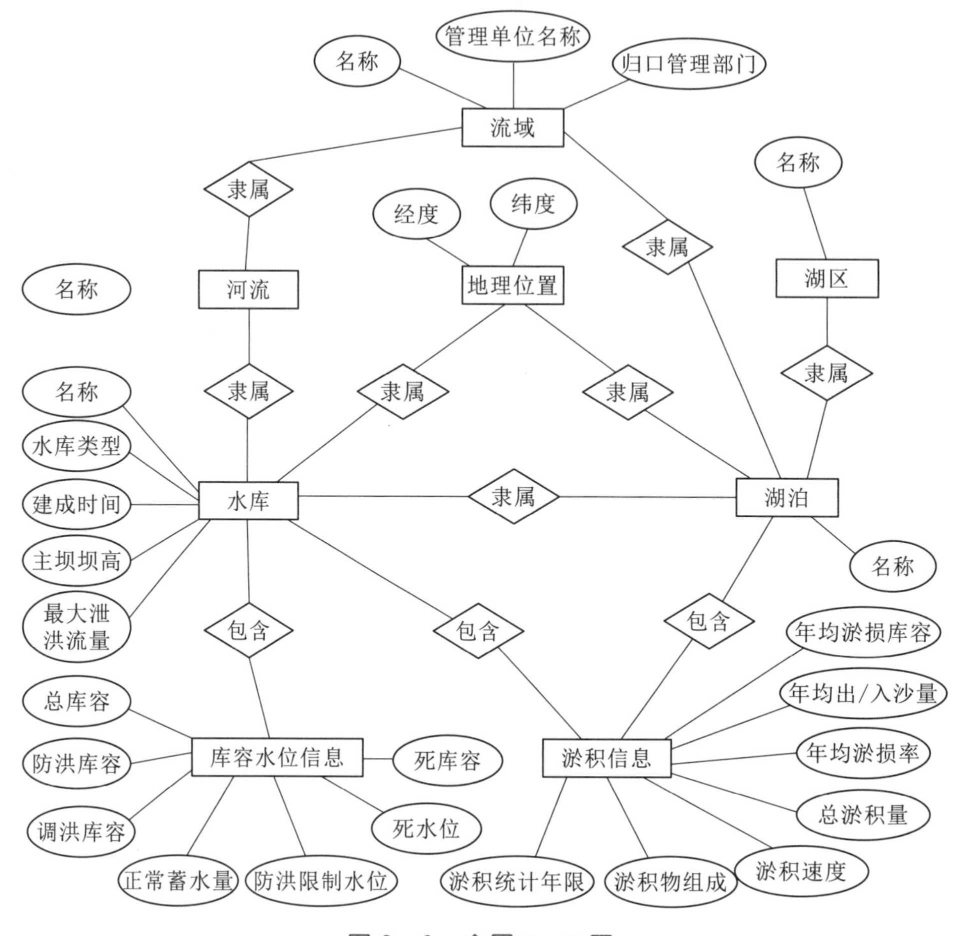

图 8－2　全局 E－R 图

1. 地理位置信息

地理位置信息库属于空间数据库，表示地理实体及其特征的数据具有确定的空间坐标，为地理信息数据提供标准格式、存贮方法和有效的管理，为本次项目建设提供基础地理信息服务，本次项目采用的是百度地图提供的基础地理信息库，项目百度地图 API 进行二次开发，提供了多种基于百度地图的应用程序接口，包括 JavaScript、Andriod、静态地图、Web 服务等多种版本。

通过收集和分析已有的相关资料和研究成果，结合现场调研、取样测试、遥感解译、分析整理等多种途径和方法，获取 97100 余条的不同类型区典型水库和湖泊坐标信息。

（1）坐标信息表（SKHP _ COORDINATE），字段说明见表 8－1。

表 8-1 坐标信息字段说明

字段	类型	是否为空	注释
COORDINATE _ ID	NUMBER (18)	N	坐标 ID，主键 ID
RESERVOIR _ ID	NUMBER (18)	Y	水库 ID
LOCATION	VARCHAR2 (255)	Y	地理位置
COORDINATE _ X	NUMBER (10, 6)	Y	地理位置-经纬度-经度
COORDINATE _ Y	NUMBER (10, 6)	Y	地理位置-经纬度-纬度
HUPO _ ID	NUMBER (18)	Y	湖泊 ID
CENTERLONGITUDE	NUMBER (10, 6)	Y	中心经度
CENTRALLATITUDE	NUMBER (10, 6)	Y	中心纬度
NOTE	VARCHAR2 (255)	Y	备注

(2) 河流信息表 (SKHP _ RIVER)，字段说明见表 8-2。

表 8-2 河流信息字段说明

字段	类型	是否为空	注释
RIVER _ ID	NUMBER (18)	N	河流 ID，主键 ID
RIVER _ NAME	VARCHAR2 (255)	Y	河流名称
BASIN _ ID	NUMBER (18)	Y	隶属流域 ID
DEPARTMENT	VARCHAR2 (255)	Y	管理单位名称
GK _ EPARTMENT	VARCHAR2 (255)	Y	归口管理部门
NOTE	VARCHAR2 (255)	Y	备注
NUMBER _ ID	NUMBER (18)	Y	排序字段

(3) 湖区信息表 (SKHP _ LAKE)，字段说明见表 8-3。

表 8-3 湖区信息字段说明

字段	类型	是否为空	注释
LAKE _ ID	NUMBER (18)	N	湖区 ID，主键 ID
LAKE _ NAME	VARCHAR2 (255)	Y	湖区名称
DEPARTMENT	VARCHAR2 (255)	Y	管理单位名称
GK _ EPARTMENT	VARCHAR2 (255)	Y	归口管理部门
NOTE	VARCHAR2 (255)	Y	备注
NUMBER _ ID	NUMBER (18)	Y	排序字段

(4) 流域信息表（SKHP _ BASIN），字段说明见表 8－4。

表 8－4　　　　流域信息字段说明

字　段	类　型	是否为空	注　释
BASIN _ ID	NUMBER (18)	N	流域 ID，主键 ID
BASIN _ NAME	VARCHAR2 (255)	Y	流域名称
DEPARTMENT	VARCHAR2 (255)	Y	管理单位名称
GK _ EPARTMENT	VARCHAR2 (255)	Y	归口管理部门
NOTE	VARCHAR2 (255)	Y	备注
NUMBER _ ID	NUMBER (18)	Y	排序字段

2. 水库淤积信息

通过收集和分析已有的相关资料和研究成果，结合现场调研、取样测试、遥感解译、分析整理等多种途径和方法，获取了 6702 条不同类型区典型水库的淤积信息。

(1) 水库信息表（SKHP _ RESERVOIR），字段说明见表 8－5。

表 8－5　　　　水库信息字段说明

字　段	类　型	是否为空	注　释
RESERVOIR _ ID	NUMBER (18)	N	水库 ID，主键 ID
RESERVOIR _ NAME	VARCHAR2 (255)	Y	水库名称
COORDINATE _ ID	NUMBER (18)	Y	水库位置 ID
RIVER _ NAME	VARCHAR2 (255)	Y	所在河流 ID
LAKE _ NAME	VARCHAR2 (255)	Y	所在湖泊 ID
RESERVOIR _ TYPE	VARCHAR2 (255)	Y	水库类型
BASIN _ AREA	NUMBER (10，2)	Y	坝址控制流域面积 (km^2)
RUNOFF _ FLOW	NUMBER (10，4)	Y	坝址多年平均径流量（万 m^3）
BUILD _ TIME	DATE	Y	水库建成时间
ADJUST _ PERFORMANCE	VARCHAR2 (255)	Y	水库调节性能
ENGINEERING _ GRADE	VARCHAR2 (255)	Y	工程等别
ENGINEERING _ TASK	VARCHAR2 (255)	Y	工程任务
DAM _ HEIGHT	NUMBER (10，2)	Y	主坝坝高 (m)
FLOOD _ FLOWMAX	NUMBER (10，2)	Y	最大泄洪流量 (m^3/s)
CAPACITY _ ID	NUMBER (18)	Y	库容水位信息 ID
YWPSSS	VARCHAR2 (255)	Y	有无排沙设施
SEDIMENTATION _ ID	NUMBER (18)	Y	淤积信息 ID
RESERVOIR _ DEPARTMENT	VARCHAR2 (255)	Y	水库管理单位名称
GK _ EPARTMENT	VARCHAR2 (255)	Y	水库归口管理部门

（2）水库库容水位信息表（SKHP_CAPACITY），字段说明见表8-6。

表8-6 水库库容水位信息字段说明

字　　段	类　　型	是否为空	注　　释
CAPACITY_ID	NUMBER（18）	N	库容ID，主键ID
RESERVOIR_ID	NUMBER（18）	Y	水库ID
TOTAL_CAPACITY	NUMBER（10，2）	Y	总库容（万m^3）
ADJUST_CAPACITY	NUMBER（10，2）	Y	调洪库容（万m^3）
DEFENSE_CAPACITY	NUMBER（10，2）	Y	防洪库容（万m^3）
XL_CAPACITY	NUMBER（10，2）	Y	兴利库容（万m^3）
DEAD_CAPACITY	NUMBER（10，2）	Y	死库容（万m^3）
POSITION_NORMAL	NUMBER（10，2）	Y	正常蓄水位（m）
POSITION_FHXZ	NUMBER（10，2）	Y	防洪限制水位（m）
POSITION_DEAD	NUMBER（10，2）	Y	死水位（m）
NOTE	VARCHAR2（255）	Y	备注

（3）水库淤积信息表（SKHP_SEDIMENTATION），字段说明见表8-7。

表8-7 水库淤积信息字段说明

字　　段	类　　型	是否为空	注　　释
SEDIMENTATION_ID	NUMBER（18）	N	淤积ID，主键ID
RESERVOIR_ID	NUMBER（18）	Y	水库ID
YJTJNX	VARCHAR2（255）	Y	淤积统计年限
YJWZC	VARCHAR2（255）	Y	淤积物组成
ZYJL	NUMBER（10，2）	Y	总淤积量（万m^3）
YJLZZKRBFB	NUMBER（10，2）	Y	淤积量占总库容百分比（%）
NJYSL	NUMBER（10，2）	Y	年均淤损率（%）
NJRKSL	NUMBER（10，2）	Y	年均入库沙量（t）
NJCKSL	NUMBER（10，2）	Y	年均出库沙量（t）
NJYSKR	VARCHAR2（255）	Y	年均淤损库容（万m^3）
NOTE	VARCHAR2（255）	Y	备注

3. *湖泊淤积信息*

通过收集和分析已有的相关资料和研究成果，结合现场调研、取样测试、遥感解译、分析整理等多种途径和方法，获取了70余条不同类型区典型湖泊的淤积信息。

（1）湖泊信息表（SKHP_RESERVOIRHP），字段说明见表 8-8。

表 8-8　湖泊信息字段说明

字　段	类　型	是否为空	注　释
HUPO_ID	NUMBER (18)	N	湖泊 ID，主键 ID
HUPO_NAME	VARCHAR2 (255)	Y	湖泊名称
COORDINATE_ID	NUMBER (18)	Y	湖泊位置 ID
LSBASIN	VARCHAR2 (255)	Y	隶属流域 ID
LSHQ	VARCHAR2 (255)	Y	隶属湖区 ID
LAKESAREA	NUMBER (10，2)	Y	湖泊面积
NRHSL	VARCHAR2 (255)	Y	年入湖水量
NCHSL	VARCHAR2 (255)	Y	年出湖水量
NRHSLS	VARCHAR2 (255)	Y	年入湖沙量
NCHSLS	VARCHAR2 (255)	Y	年出湖沙量
DRAFT	VARCHAR2 (255)	Y	水深
RAINFALL	VARCHAR2 (255)	Y	降雨量
PONDAGE	NUMBER (10，2)	Y	蓄水量
SEDIMENTATION_ID	NUMBER (18)		淤积信息 ID

（2）湖泊淤积信息表（SKHP_SEDIMENTATION），字段说明见表 8-9。

表 8-9　湖泊淤积信息字段说明

字　段	类　型	是否为空	注　释
SEDIMENTATION_ID	NUMBER (18)	N	淤积 ID，主键 ID
HUPO_ID	NUMBER (18)	Y	湖泊 ID
YJTJNX	VARCHAR2 (255)	Y	淤积统计年限
YJWZC	VARCHAR2 (255)	Y	淤积物组成
ZYJL	NUMBER (10，2)	Y	总淤积量（万 m^3）
YJSL	NUMBER (10，4)	Y	淤积速率
YJSLBZ	VARCHAR2 (255)	Y	淤积速率备注
NOTE	VARCHAR2 (255)	Y	备注

8.3.2 数据汇聚服务

数据汇聚服务是将地理位置信息库、水库淤积信息库、水库坐标信息库、湖泊信息库等数据汇聚到一起，通过元数据管理、数据资源管理、数据获取、数据清洗、数据融合等步骤将各种数据整理成可用性较高的数据。

8.3.3 数据交换服务

数据交换服务为实现各类业务系统互联互通，提供数据交换传输通道，严格做到不干涉业务、与数据结构、数据类型无关。平台通过数据交换中间件，实现端到端的高效、可靠、安全的数据传输。

平台依据“共享为原则、不共享为例外”的原则合理规划共享数据内容，除了为本项目系统内部各模块之间提供数据交换共享外，还可向其他院级平台提供高质量的共享数据资源。

8.3.4 系统功能建设

本系统的具体功能主要包括：水库和湖泊的基础信息添加、展示、查询、统计等基本功能，提供列表和地图两种集中展示方式；支持通过水库名称、所在河流、总库容、淤损率等基本属性进行水库信息查询，以及通过湖泊名称、隶属流域、湖泊面积率等基本属性进行湖泊信息查询；提供水库、湖泊数据统计功能，以表格、文本、图形（折线图、柱状图、饼图）的形式展示，便于对这些数据进行直观的理解。

1. 数据采集管理

系统提供数据库采集功能，可以将其他数据库中的水库、湖泊等数据通过简单配置采集到本平台中，数据源支持 oracle、sqlserver、mysql、excel 等多种数据源。

（1）增加采集。每一次采集都是作为一个任务来执行的，所以每次采集之前都需要增加一个采集任务。

第一步：设置数据库（见图 8-3）。点击“增加”按钮，需要完成以下几项参数设置：

采集名称：一般都以需要导入数据的频道命名，这样方便查看。

数据库类型：选择源数据库类型（oracle、sql server、Sybase、Mysql）。

连接类型：一般选择 JDBC（因为不用配置本地数据源 ODBC）。

数据库服务器：选择数据源所在的服务器或 IP 地址。

数据库：源数据库名称。

端口号：源数据库的端口号。

用户名、密码：源数据库的用户名和密码。

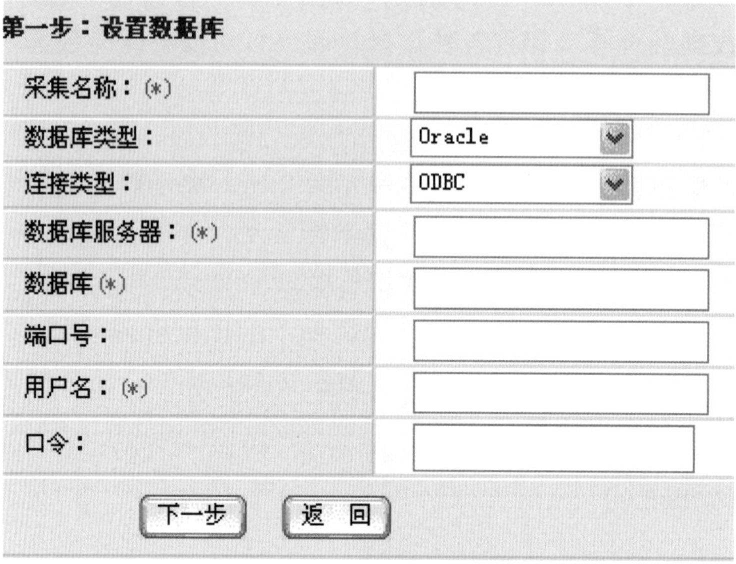
第一步：设置数据库
采集名称：(*)
数据库类型：
Oracle
连接类型：
ODBC
数据库服务器：(*)
数据库(*)
端口号：
用户名：(*)
口令：
下一步
返 回

图 8-3 设置数据库

第二步：选择数据表。选择需要导入的源数据库的数据表，如图 8-4 所示。

第二步：选择数据表
选择数据表：
选择数据库表
ad_t_client
上一步
下一步
取消

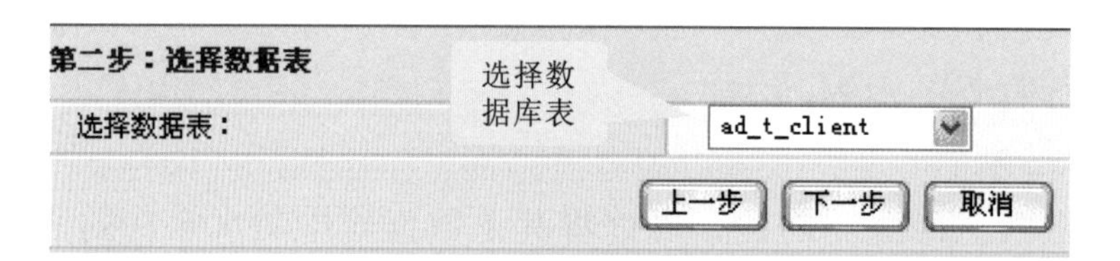

图 8-4 选择数据表

第三步：设置采集数据范围。设置采集数据范围，可以指定条件，比如“逻辑关系”“字段名”等，也可以选择“不设置采集范围”，如图 8-5 所示。

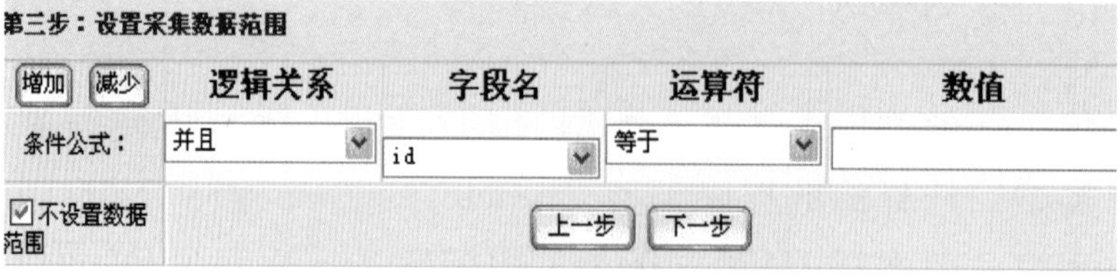
第三步：设置采集数据范围
增加
减少
逻辑关系
字段名
运算符
数值
条件公式：
并且
id
等于
不设置数据范围
上一步
下一步

图 8-5 设置采集数据范围

第四步：设置字段映射。选择源数据表和导入数据表字段间的对应关系，就是把源数据表中的字段对应到目标数据表的对应字段，如“name”对应“水库名称”，“desc”对应“水库介绍”等。

第五步：点击“下一步”，再点击“完成”，到此增加采集完成。

（2）修改采集。选中需要修改的采集项，点击“修改”按钮，可以修改相关参数设置。

（3）删除采集。选中需要删除的采集项，点击“删除”按钮即可删除。

（4）执行采集。选中需要执行的采集项，单击“执行”按钮，如图 8－6 所示。

图 8－6　执行采集

在选择抓取方式时，选择“立即执行”，即可完成信息的移植，如图 8－7 所示。

2. 水库信息管理

水库信息管理包括水库基本信息展示、水库详细信息、水库信息查询、水库信息统计等功能。

图 8－7　选择抓取方式

（1）水库信息展示。水库信息展示的主界面如图 8－8 所示，左侧为水库数据和其对应的基本属性数据的显示窗口，展示方式包括列表和地图两种，默认为列表展示方式。

单击页面右上角的“列表转换”和“地图转换”按钮可以进行展示方式切换，进入地图展示页面后自动加载坐标点，目前全部水库信息共有 6692 条数据，单击地图上显示的圆点可以弹出所在位置的水库名称。

（2）水库详细信息。水库信息展示页面的列表展示了水库的名称、所在河流名称、总库容、正常蓄水位、死水位和主坝坝高等基本信息，单击水库名称可以打开水库的详细信息页面，如图 8－9 所示。

大数据查询 返回主页面

全国典型水库湖泊泥沙淤积基础数据库

查询结果

您所查询的全部水库信息共有6692条数据　默认加载展示全部水库信息

单击地图转换按钮可切换至地图展示　地图转换

水库查询

序号	水库名称	所在河流名称	总库容（万m³）	正常蓄水位（m）	死水位（m）	主坝坝高（m）
1	他拉干水库	新开河	15760	234.17	231.5	6.6
2	黄材水库	沩水	15300	166	126	57.5
3	莫力庙水库	辽河	15189	211.3	208	10.76
4	石头河水库		14700	0	0	0
5	关河水库		14100	0	0	0
6	竹园水库		14010	0	0	0
7	晒口水库	四乡河	13400	362	344	49
8	车田江水库	油溪	12750	491.4	480	69
9	长潭水库	漓江	12730	0	0	0
10	舍力虎水库	教来河	12720	380.3	377.2	8
11	龙门水库	漕河	12670	123.6	113	40.5
12	六都寨水库	辰水	12370	355	332.86	70
13	首庄水库	怡溪	12100	228.5	207.6	32.5

显示从1到25条记录，共有6692条记录，每页条数为 25条/页　‹ 1 2 3 4 5 6 … 268 ›

图 8－8　水库信息列表展示

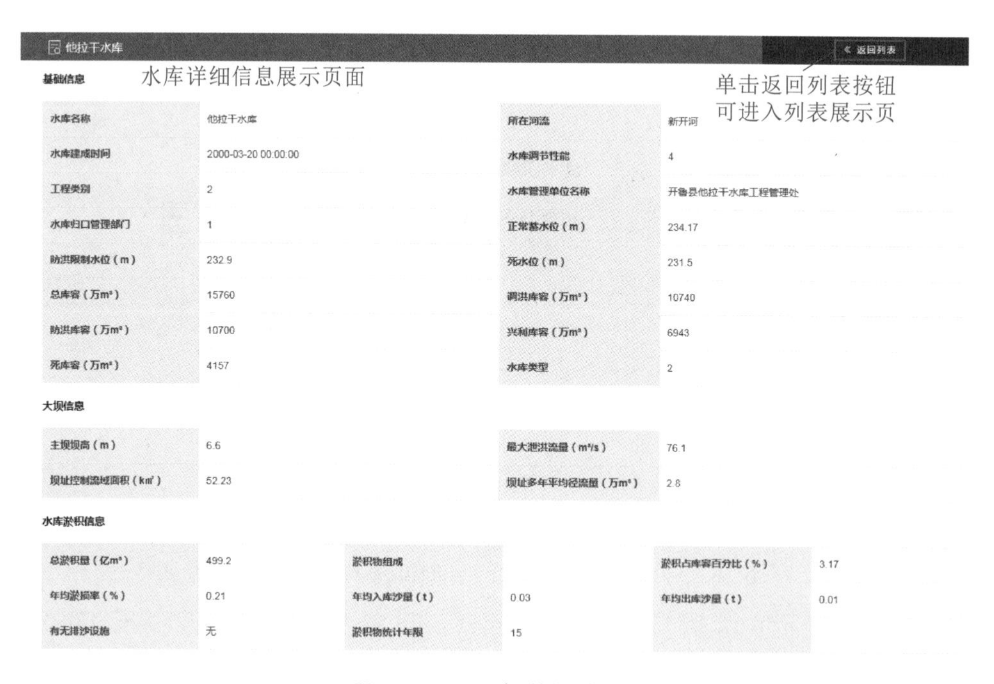

他拉干水库　« 返回列表

水库详细信息展示页面

单击返回列表按钮可进入列表展示页

基础信息

水库名称	他拉干水库	所在河流	新开河
水库建成时间	2000-03-20 00:00:00	水库调节性能	4
工程类别	2	水库管理单位名称	开鲁县他拉干水库工程管理处
水库归口管理部门	1	正常蓄水位（m）	234.17
防洪限制水位（m）	232.9	死水位（m）	231.5
总库容（万m³）	15760	调洪库容（万m³）	10740
防洪库容（万m³）	10700	兴利库容（万m³）	6943
死库容（万m³）	4157	水库类型	2

大坝信息

主坝坝高（m）	6.6	最大泄洪流量（m³/s）	76.1
坝址控制流域面积（km²）	52.23	坝址多年平均径流量（万m³）	2.8

水库淤积信息

总淤积量（亿m³）	499.2	淤积物组成		淤积占库容百分比（%）	3.17
年均淤损率（%）	0.21	年均入库沙量（t）	0.03	年均出库沙量（t）	0.01
有无排沙设施	无	淤积物统计年限	15		

图 8－9　水库详细信息

（3）添加水库信息。系统支持数据库直接导入和手动添加数据两种数据添加方式，添加数据页面如图 8－10 所示，需要提供水库名称、所在河流、水库建成时间、工程名称、水库管理单位等基础信息。

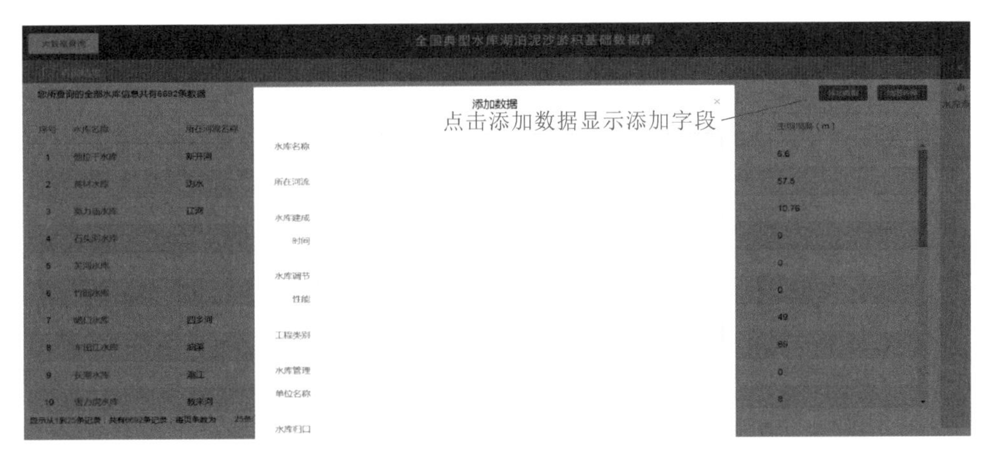

图 8-10　添加数据

（4）水库信息查询。查询功能可以为用户提供利用不同的查询条件获取水库相关信息，并以表格形式展示查询对象的基本信息情况，实现分页、每页显示行数可选择（默认每页 25 行）功能，在查询结果中选择某一水库，可查询该水库的详细信息。查询功能可以通过名称、所在河流、总库容、淤损率等属性进行查询，查询结果在左侧的显示窗口中进行显示，如图 8-11 所示。

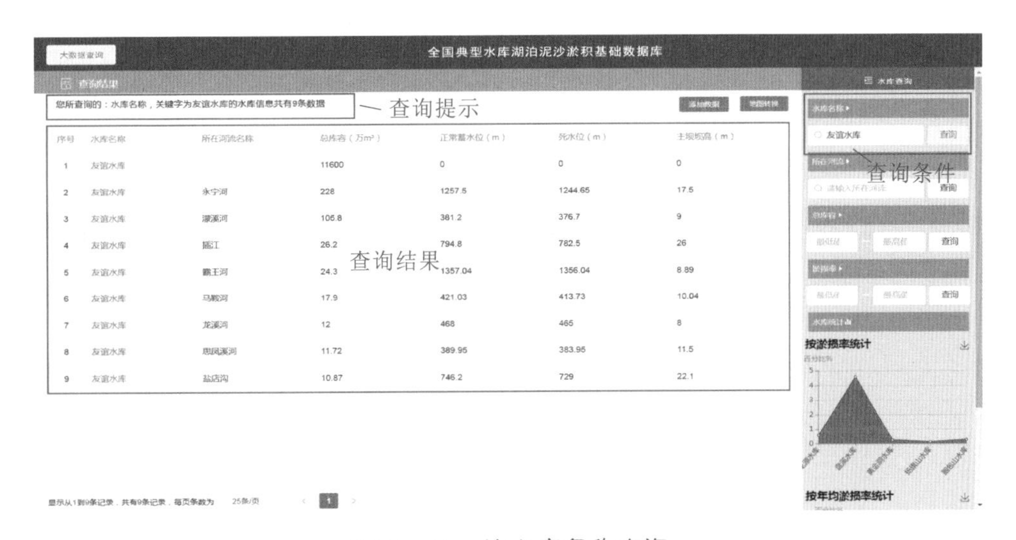

图 8-11　按水库名称查询

分页行数可以选择设置，点击页数也可跳转到其他页，如图 8-12 所示。

水库信息查询还可以通过名称、所在河流、总库容、淤损率等属性进行查询，如图 8-13～图 8-15 所示。

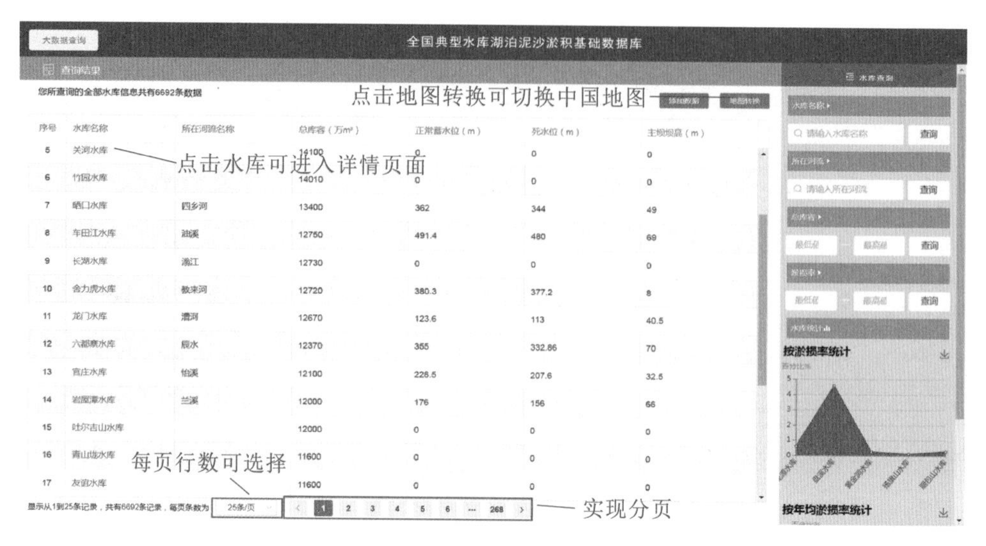

图 8-12 分页行数设置、页面切换

大数据查询 全国典型水库湖泊泥沙淤积基础数据库

查询结果

您所查询的：所在河流，关键字为新开河的水库信息共有7条数据

序号	水库名称	所在河流名称	总库容（万m³）	正常蓄水位（m）	死水位（m）	主坝坝高（m）
1	他拉干水库	新开河	15760	234.17	231.5	6.6
2	都西庙水库	新开河	7000	168.87	167.31	5.5
3	胡力斯台水库	新开河	5717	206	204.6	6.5
4	三八水库	新开河	5284	159.5	158.5	6.4
5	乃门他拉水库	新开河	1936	188	185.6	6.5
6	苏吐水库	新开河	1013	195	194.1	5.3

图 8-13 按所在河流查询

大数据查询 全国典型水库湖泊泥沙淤积基础数据库

查询结果

您所查询的：总库容，关键字为12000-16000的水库信息共有15条数据

序号	水库名称	所在河流名称	总库容（万m³）	正常蓄水位（m）	死水位（m）	主坝坝高（m）
1	他拉干水库	新开河	15760	234.17	231.5	6.6
2	黄材水库	沩水	15300	166	126	57.5
3	莫力庙水库	辽河	15189	211.3	208	10.76
4	石头河水库		14700	0	0	0
5	关河水库		14100	0	0	0
6	竹园水库		14010	0	0	0

图 8-14 按总库容查询

（5）水库统计功能。数据统计可以以多种形式存在，如表格、文本、图形（柱状图、饼图）等，便于对这些数据进行直观的理解。系统默认提供了以折线图形式展示的水库数据统计，如图8-16和图8-17所示。

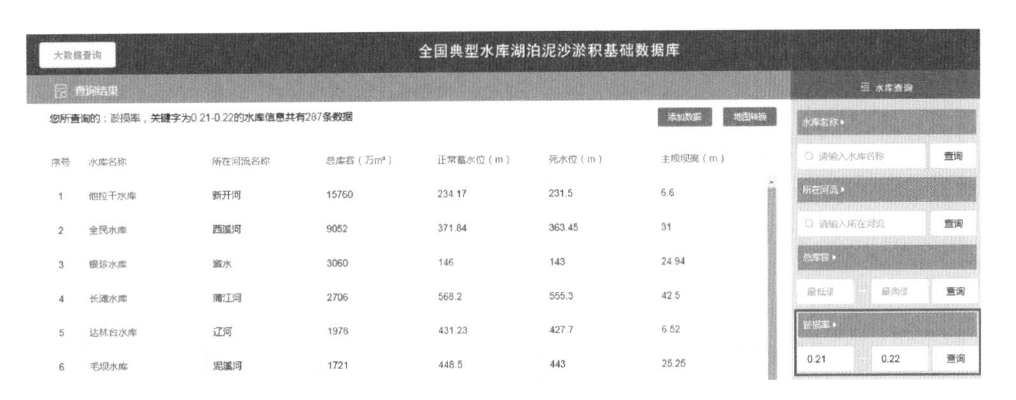

序号	水库名称	所在河流名称	总库容（万m³）	正常蓄水位（m）	死水位（m）	主坝坝高（m）
1	他拉干水库	新开河	15760	234.17	231.5	6.6
2	全民水库	西溪河	9052	371.84	363.45	31
3	银珍水库	溆水	3060	146	143	24.94
4	长滩水库	蒲江河	2706	568.2	555.3	42.5
5	达林台水库	辽河	1978	431.23	427.7	6.52
6	毛坝水库	泥溪河	1721	448.5	443	25.25

图 8－15　按淤损率查询

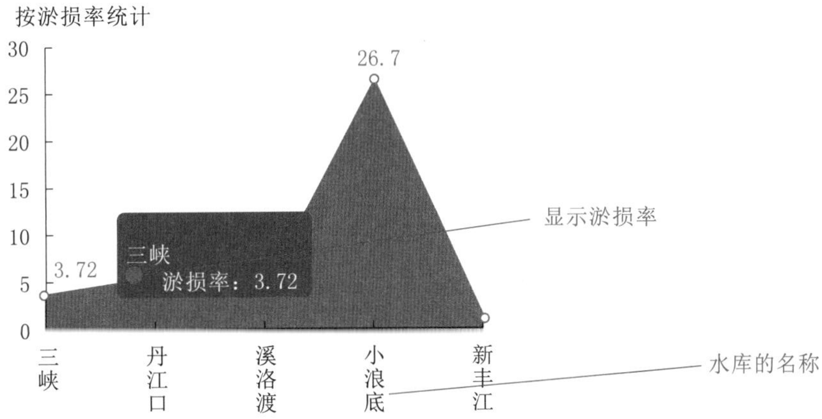

图 8－16　按淤损率统计

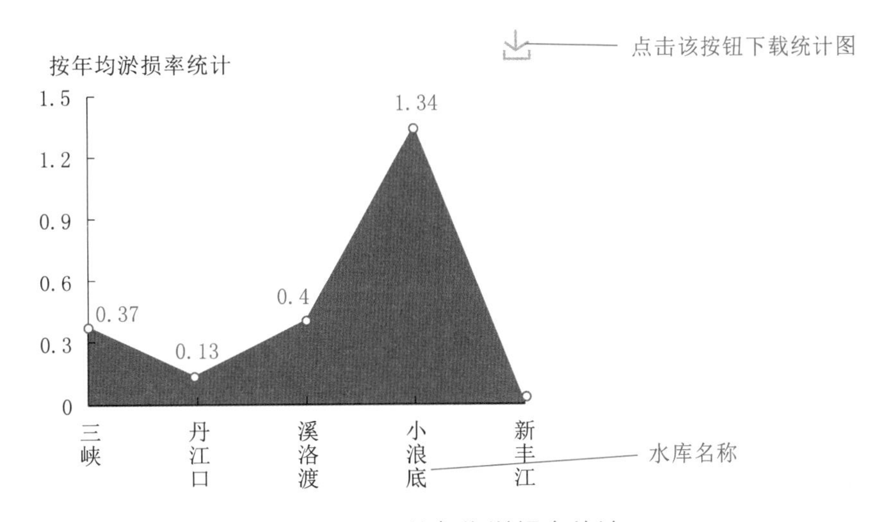

图 8－17　按年均淤损率统计

3. 湖泊信息管理

湖泊信息管理包括湖泊基本信息展示、湖泊详细信息、添加湖泊信息、湖泊信息查询等功能。

（1）湖泊信息展示。湖泊信息展示的主界面如图 8－18 所示，左侧为湖泊数据和对应的基本属性数据的显示窗口，展示方式包括列表和地图两种，默认为列表展示方式。

大数据查询　全国典型湖泊湖泊泥沙淤积基础数据库

查询结果　单击地图转换按钮切换全地图展示

您所查询的全部湖泊信息共有77条数据　默认加载展示全部湖泊信息　添加数据　地图转换　湖泊查询

序号	湖泊名称	隶属湖区	隶属流域	湖泊面积(km²)	蓄水位（万m³）	淤积速率（cm/年）
1	青海湖	青藏高原	内流区诸河	4254.9	73881000	0.02
2	纳木错	青藏高原	内流区诸河	2040.9	10835100	0.043
3	玛旁雍错	青藏高原	广西、云南、西藏、新疆诸国际河流	409.9	1462000	0.031
4	拉昂错	青藏高原	广西、云南、西藏、新疆诸国际河流	261.91	571100	0.065
5	错鄂	青藏高原	内流区诸河	333.75	0	0.3
6	哈拉湖	青藏高原	内流区诸河	596.39	1610000	0.2
7	库赛湖	青藏高原	内流区诸河	271.08	0	0.2
8	空姆错	青藏高原	内流区诸河	39.75	0	0.15
9	沉错	青藏高原	内流区诸河	41.81	0	0.16
10	普莫雍错	青藏高原	内流区诸河	294.11	0	0.25
11	兹格塘错	青藏高原	内流区诸河	225.55	114800	0.08
12	南红山湖	青藏高原	内流区诸河	3.35	0	0.72

显示从1到15条记录，共有77条记录，每页条数为 15条/页　1 2 3 4 5 6

图 8－18　湖泊信息列表展示

单击页面右上角的“列表转换”和“地图转换”按钮可以进行展示方式切换，进入地图展示页面后自动加载坐标点，目前全部湖泊信息共有 77 条数据，单击地图上显示的圆点可以弹出所在位置的湖泊名称。

（2）湖泊详细信息。湖泊信息展示页面的列表展示了湖泊的名称、隶属湖区、隶属流域、湖泊面积、蓄水位和淤积速率等基本信息，单击湖泊名称可以打开湖泊的详细信息页面，如图 8－19 所示。

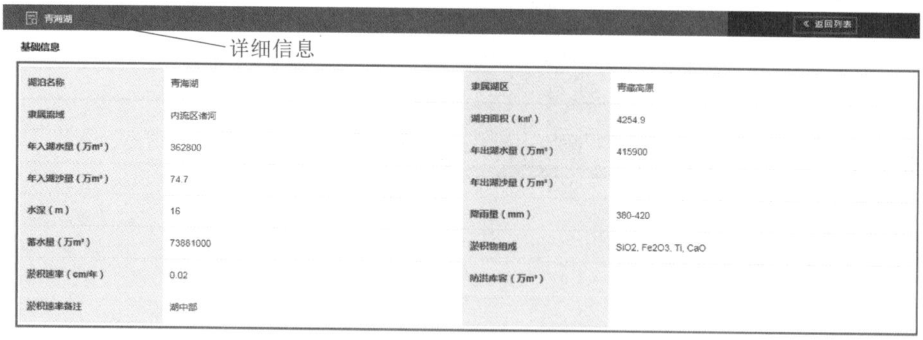

青海湖　返回列表

基础信息　详细信息

湖泊名称	青海湖	隶属湖区	青藏高原
隶属流域	内流区诸河	湖泊面积（km²）	4254.9
年入湖水量（万m³）	362800	年出湖水量（万m³）	415900
年入湖沙量（万m³）	74.7	年出湖沙量（万m³）	
水深（m）	16	降雨量（mm）	380-420
蓄水量（万m³）	73881000	淤积物组成	SiO2, Fe2O3, Ti, CaO
淤积速率（cm/年）	0.02	防洪库容（万m³）	
淤积速率备注	湖中部		

图 8－19　湖泊详细信息

（3）添加湖泊信息。系统支持数据库直接导入和手动添加数据两种数据添加方式，添加数据页面如图 8－20 所示，需要提供水库名称、所在河流、水库建成时间、工程名称、水库管理单位等基础信息。

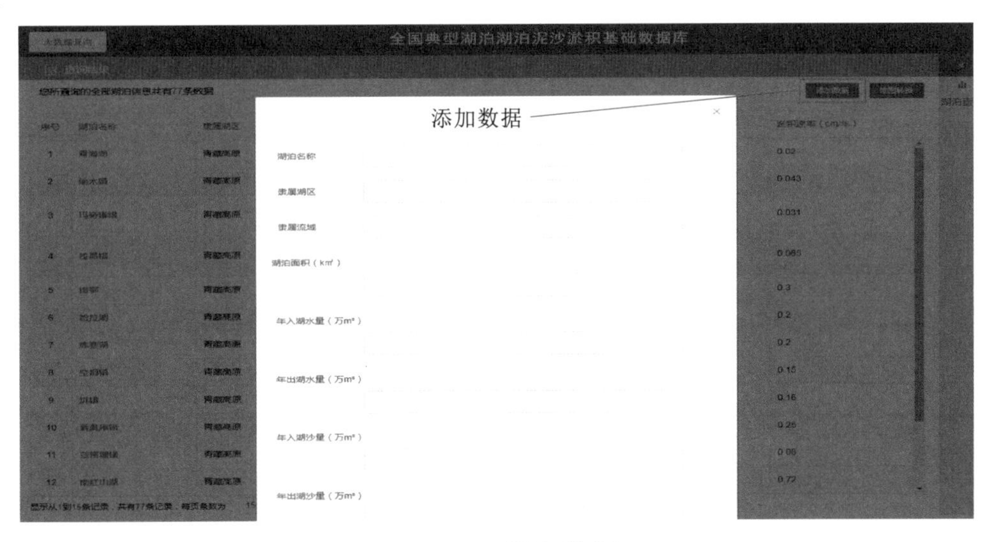

图 8－20　添加数据

（4）湖泊信息查询。查询功能可以为用户提供利用不同的查询条件获取湖泊相关信息，以表格形式展示查询对象的基本信息情况，实现分页、每页显示行数可选择（默认每页 25 行）功能，在查询结果中选择某一湖泊，可查询该湖泊的详细信息。查询功能可以通过名称、隶属流域、湖泊面积等属性进行查询，查询结果在左侧的显示窗口中进行显示，如图 8－21 所示。

图 8－21　按湖泊名称查询

分页行数可以选择设置，点击页数也可跳转到其他页，如图 8-22 所示。

大数据查询 全国典型湖泊湖泊泥沙淤积基础数据库

查询结果

您所查询的：湖泊名称，关键字为湖的水库信息共有46条数据。

序号	湖泊名称	隶属湖区	隶属流域	湖泊面积(km²)	蓄水位（万m³）	淤积速率（cm/年）
26	太湖	东部平原	长江流域	2537.17	440000	0.34
27	长江中游牛轭湖	东部平原	长江流域	13	32500	0.8
28	石臼湖	东部平原	长江流域	222.14	35000	0.12
29	龙感湖	东部平原	长江流域	280.48	41100	0.19
30	女山湖	东部平原	淮河流域	107.32	20000	0.48
31	洞庭湖	东部平原	长江流域	2614.36	167000	3.5
32	固城湖	东部平原	长江流域	31.22	3800	0.056
33	南四湖	东部平原	淮河流域	930.22	223000	0.022
34	连湖	东部平原	长江流域	8.69	0	0.15
35	骆马湖	东部平原	淮河流域	290.94	86400	0.83
36	东平湖	东部平原	黄河流域	153.78	200000	0.297
37	上级湖	东部平原	淮河流域	609	0	0.135
38	杭州西湖	东部平原	浙、闽、台诸河	9.06	1429	0.4

显示从26到46条记录，共有46条记录，每页条数为 25条/页 ‹ 1 2 ›

每页行数可选择 页面切换

湖泊查询 湖泊名称 ▸ 湖 查询 隶属流域 ▸ 请输入所在流域 查询 湖泊面积 ▸ 查询

图 8-22 分页行数设置、页面切换

湖泊信息查询还可通过隶属流域和湖泊面积等属性进行查询，如图 8-23～图 8-25 所示。

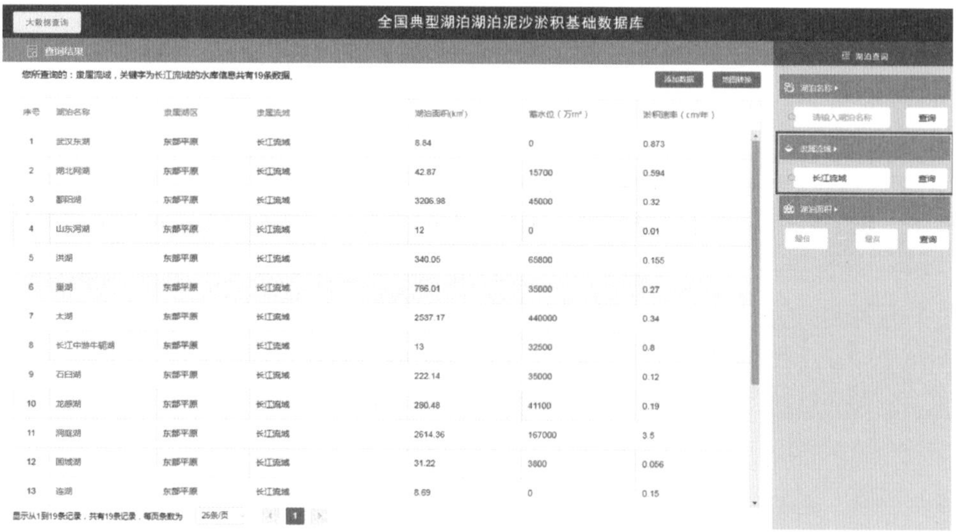

大数据查询 全国典型湖泊湖泊泥沙淤积基础数据库

查询结果

您所查询的：隶属流域，关键字为长江流域的水库信息共有19条数据。

序号	湖泊名称	隶属湖区	隶属流域	湖泊面积(km²)	蓄水位（万m³）	淤积速率（cm/年）
1	武汉东湖	东部平原	长江流域	8.84	0	0.873
2	湖北网湖	东部平原	长江流域	42.87	15700	0.594
3	鄱阳湖	东部平原	长江流域	3206.98	45000	0.32
4	山东河湖	东部平原	长江流域	12	0	0.01
5	洪湖	东部平原	长江流域	340.05	65800	0.155
6	巢湖	东部平原	长江流域	786.01	35000	0.27
7	太湖	东部平原	长江流域	2537.17	440000	0.34
8	长江中游牛轭湖	东部平原	长江流域	13	32500	0.8
9	石臼湖	东部平原	长江流域	222.14	35000	0.12
10	龙感湖	东部平原	长江流域	280.48	41100	0.19
11	洞庭湖	东部平原	长江流域	2614.36	167000	3.5
12	固城湖	东部平原	长江流域	31.22	3800	0.056
13	连湖	东部平原	长江流域	8.69	0	0.15

显示从1到19条记录，共有19条记录，每页条数为 25条/页 ‹ 1 ›

湖泊查询 湖泊名称 ▸ 请输入湖泊名称 查询 隶属流域 ▸ 长江流域 查询 湖泊面积 ▸ 查询

图 8-23 按隶属流域查询

4. 系统后台管理

系统后台管理包括用户管理、用户组管理、权限管理、系统日志、访问统计等功能。

图 8-24 按总库容查询

图 8-25 按湖泊面积查询

（1）用户管理。根据系统需要，创建使用此系统的用户，系统中的用户对应实际工作中具体的业务人员。用户的新建由系统管理员来进行，在创建用户前需要先维护好组织机构。系统设有一个超级用户 admin，不能删除，保证系统能正常运行。

1）增加用户。进入用户管理界面，在左侧组织机构中选择新建用户所属组织机构。在右侧界面点击“添加”按钮，将出现“增加新用户”界面，如图 8-26 所示。填入相应内容，按“确定”增加新的用户，按“取消”返回用户管理首页。

登录名称：登录系统所需输入的用户名，由英文字母、阿拉伯数字组成，不允许输入特殊字符，如，＜＞/'等，并且要求不和已有的用户名重复，如果用户名已经存在，系统将给出提示信息。

增加新用户	
登录名称：(*)	
姓名：(*)	
密码：(*)	
邮箱：	
所属用户组：(*)	请选择
用户级别：(*)	普通 (与信息类型相对应)
状态：	启用 ⊙ 不启用 ○
	保 存　返 回

图 8－26　添加用户

姓名：用户的真实姓名。

密码：用户登录系统密码，为了安全，请设置为字母和数字的组合。

所属用户组：选择新建用户所在的用户组，组员可以继承组的操作权限。

用户级别：可以通过选择用户级别（高级、中级、普通）来控制允许用户看到的信息类型。

状态：设置账号的状态，如果设置为“不启用”那么该用户将不能登录系统。

注意：用户权限设置后，最好重新登录系统，使整体权限生效。

2）修改用户。在用户列表中，选中要修改的列表项，点击“修改”按钮，对该用户的基本信息进行编辑，按“确定”修改用户信息，按“取消”返回，如图 8－27 所示。

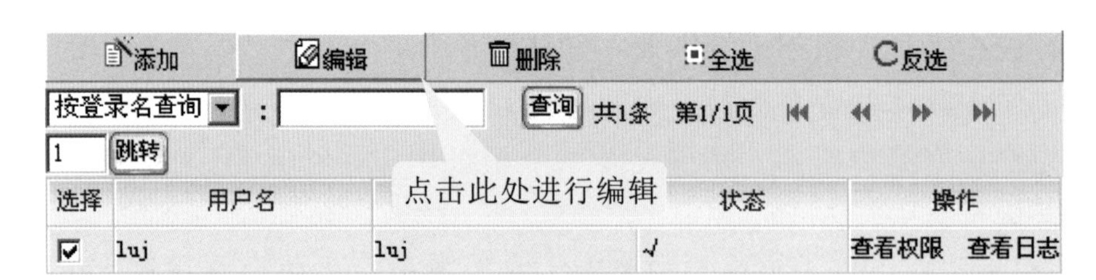

图 8－27　修改用户

注意：如果不修改用户密码，请保持“密码栏”为空白。

3）删除用户。在用户列表中，通过点击列表信息前的复选框，选中需要删除的一个或多个用户，然后点击“删除”按钮，即可删除，删除了的用户不能再重新登录，以后可以重新创建相同登录名的用户，如图 8－28 所示。

（2）用户组管理。用户组是指用户集合，它是根据用户权限的不同而进行

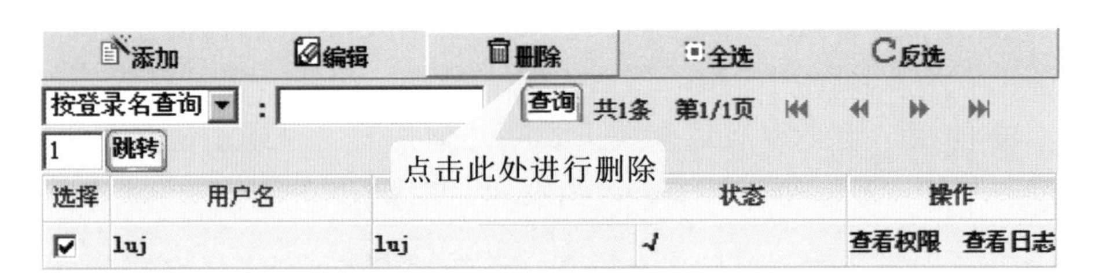

图 8－28　删除用户

的分组设置，例如信息录入组只具有信息录入的权限。一个用户组拥有对系统的操作权限，当用户加入用户组时，该用户就继承了该组的所有权限；一个用户对应一个用户组。

1）增加用户组。进入用户组管理界面，在左侧选择新建用户组归属的组织机构，例如信息部。在右侧界面点击“添加”按钮，将出现“新建用户组”界面，如图 8－29 所示。填入相应内容，按“保存”增加新的用户组，按“返回”返回用户组管理首页。

图 8－29　添加用户组

组名：用户组名称；

说明：对用户组的简要说明。

2）修改用户组。在用户组列表中，选中要修改的列表项，点击“修改”按钮，对该用户组的基本信息进行编辑，按“保存”修改用户信息，按“返回”返回用户组列表，如图 8－30 所示。

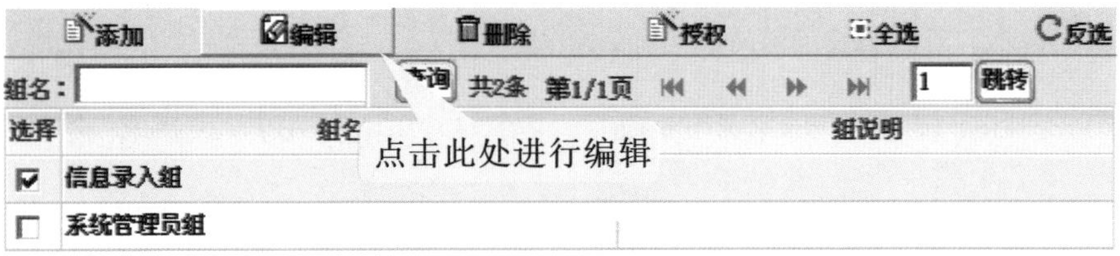

图 8－30　修改用户组

3）删除用户组。在用户组列表中，通过点击列表信息前的复选框，选中您要删除的一个或多个用户组，然后点击“删除”按钮，即可删除，如图 8-31 所示。删除用户组必须满足该组下没有任何用户，否则系统提示“存在用户”不允许删除。超级管理员 admin 所在组不能删除。

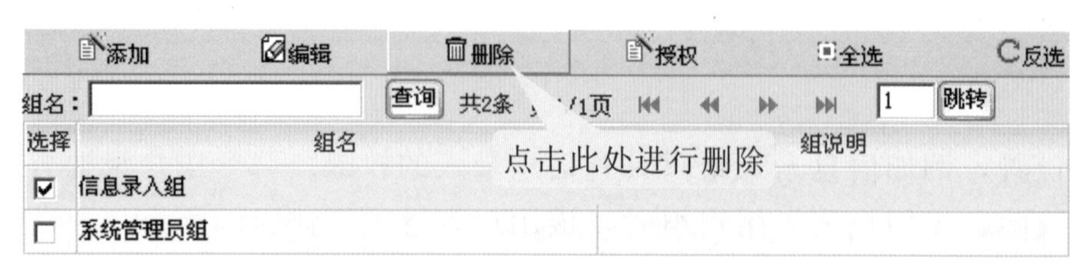

图 8-31　修改用户组

4）用户组授权。新增用户组后应为该用户组授予操作权限。在用户组列表中，选中要授权组名称前的复选框，点击“授权”按钮，如图 8-32 所示。

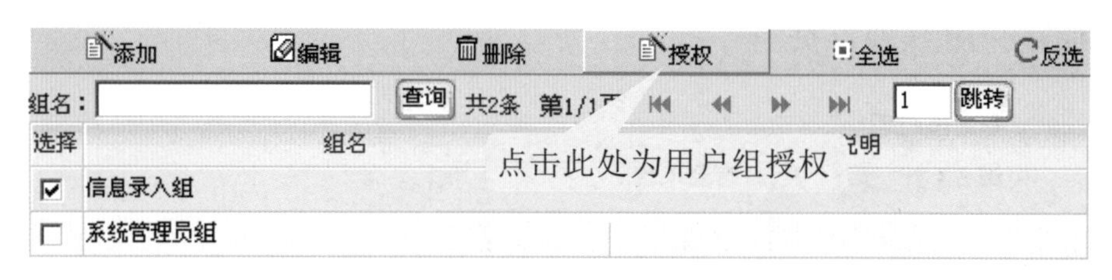

图 8-32　用户组授权

（3）权限管理。系统的认证管理涉及两个概念：用户和用户组。所有的用户都属于一个用户组，首先根据需要创建合适的用户组，例如信息录入组、系统管理组等。这些用户组具有不同的权限，用户属于用户组就继承了该组的所有权限，因此授权第一步是要先为用户组设置权限，然后为用户授权，这样就完成了权限的授权管理。

特别说明的是用户的权限不是简单地继承用户组的权限，用户的权限是用户组权限的子集，可以在属于的组具有的权限范围内再弱化设置，这样可以灵活设置组下用户的权限，可以实现一个用户组下的用户具有不同的权限。

当用户组的权限改变，组的权限如果加大了，组下的人员的权限不会自动加大，需要手工设置，如果组的权限变小了，组下用户的权限将自动同时变小。

（4）系统日志。查看日志是记录用户操作的日志，在这里可以针对用户的所有操作进行查询。

（5）访问统计。信息访问量统计，统计了所有信息的访问次数，可查看每条水库和湖泊等信息的访问量。通过信息访问量统计，管理者可以了解访问者关心的信息类别和形式，可以及时对信息做出调整，以增大访问量。

1）信息访问量统计。访问量统计是通过一系列筛选条件（字段）对信息进行筛选查询，以获得所要查看的信息访问量统计。筛选条件（字段）主要包括：

时间区间：包括时间段设置和开始时间与结束时间设置。用于指定所要统计的信息的访问时间。

信息主题：用于以主题方式对信息进行筛选统计。

访问次数：用于以访问量方式对信息进行筛选统计。

2）访问统计分析。访问统计分析提供了从多个角度来分析统计访问者对系统的数据访问情况。

在内容列表部分列出了查询后各访问者访问本系统的记录。点击“分析”按钮可以进入下面以各种不同方式对访问者的统计分析，如图 8－33 所示。统计结果的方式主要有柱状图、饼图、折线图和报表四种。

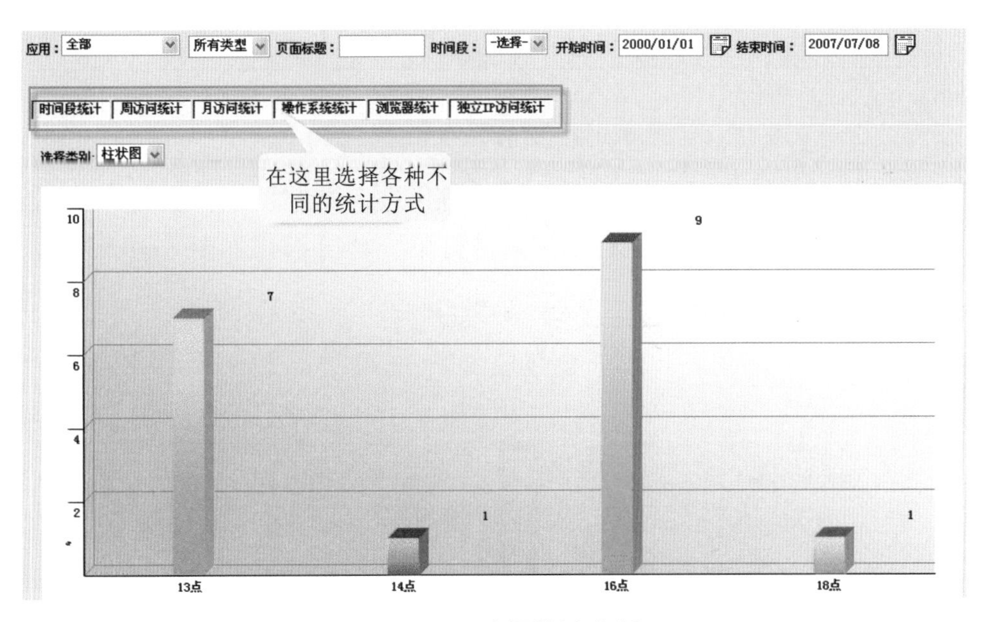

图 8－33　访问统计分析

日时间段统计：点击“时间段统计”按钮，进入时间段统计页面，时间段统计以时间点为单位对访问量进行了统计。

周访问统计：点击“周访问统计”按钮，进入周访问统计页面，周访问统计以周为单位对访问量进行了统计分析。

月访问统计：点击“月访问统计”按钮，进入月访问统计页面，月访问统计以月为单位对访问量进行了统计分析。

操作系统统计：点击“操作系统统计”按钮，进入操作系统统计页面，操作系统统计以操作系统类型为单位对访问量进行了统计分析，如图 8 - 34 所示。

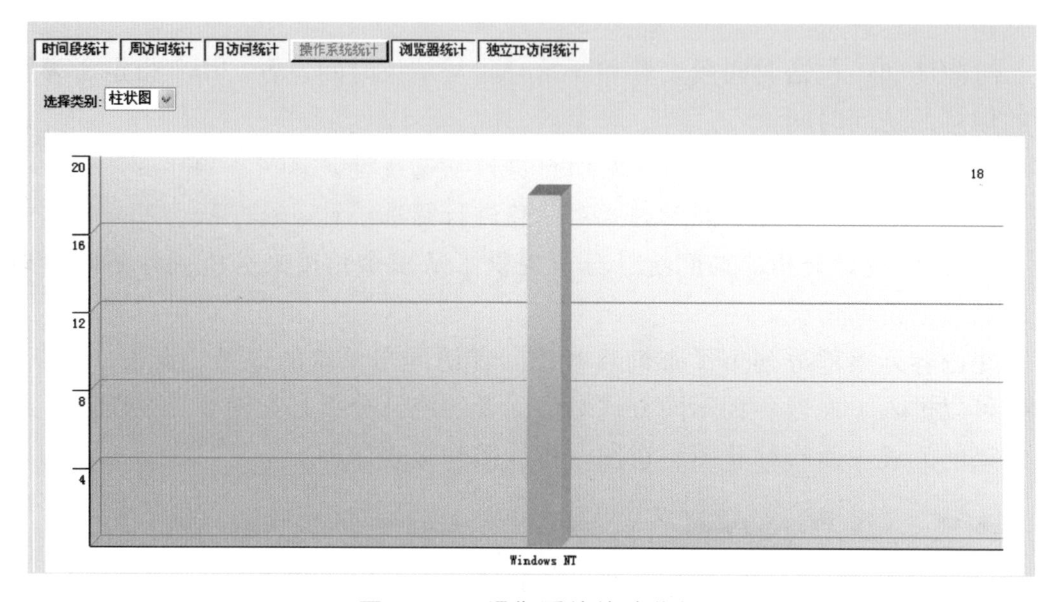

图 8 - 34 操作系统统计分析

浏览器统计：点击“浏览器统计”按钮，进入浏览器统计页面，浏览器统计以浏览器版本及类型为单位对访问量进行了统计分析，如图 8 - 35 所示。

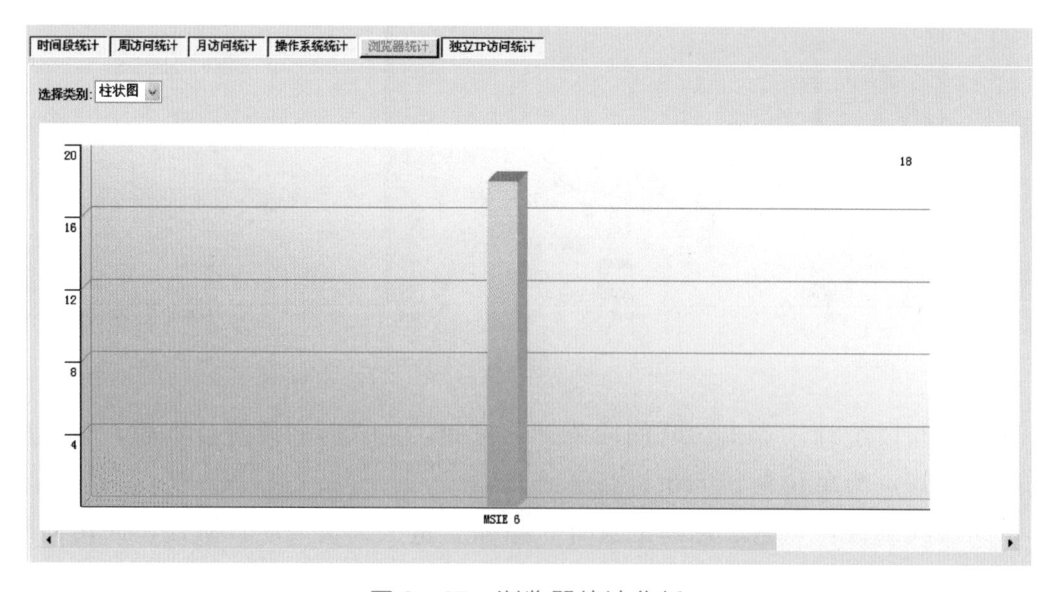

图 8 - 35 浏览器统计分析

独立 IP 访问统计：点击“独立 IP 访问统计”按钮，进入独立 IP 访问统计页面，以 IP 地址为单位对访问量进行了统计分析，如图 8－36 所示。

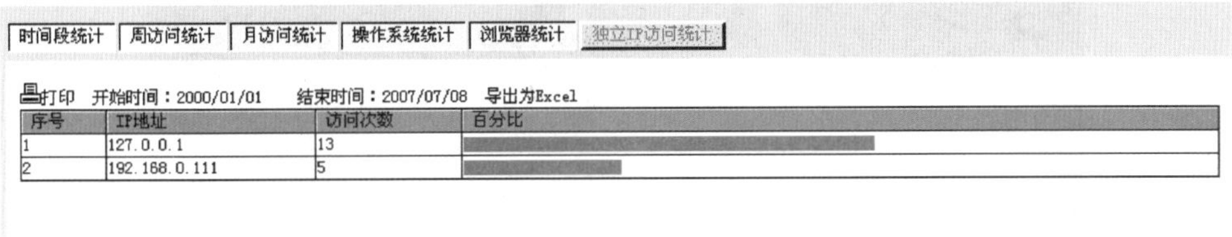

时间段统计 | 周访问统计 | 月访问统计 | 操作系统统计 | 浏览器统计 | 独立IP访问统计

打印 开始时间：2000/01/01 结束时间：2007/07/08 导出为Excel

序号	IP地址	访问次数	百分比
1	127.0.0.1	13	
2	192.168.0.111	5	

图 8－36 独立 IP 访问统计分析

5. 一体化数据展示

基于地理信息系统和多种信息技术开发的全国典型水库湖泊淤积基础数据库管理系统，是一个集数据处理、监测管理、统计分析、可视化展示于一体的基础数据平台，实现全国典型水库、湖泊的空间分布、空间数据浏览和查询。

（1）水库各库容数据，如图 8－37 所示

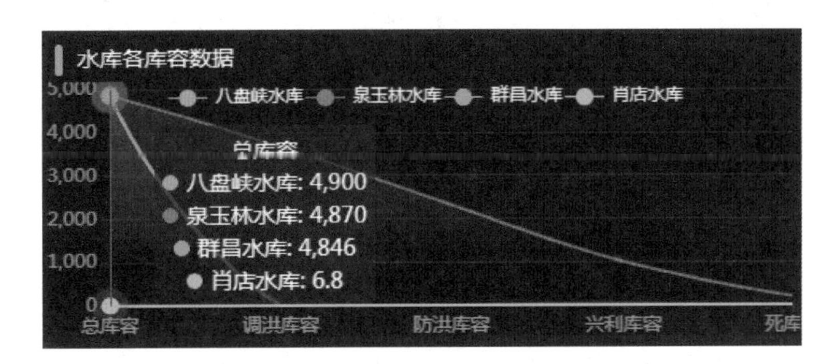

图 8－37 水库库容数据显示

（2）水库年均入库（出库）沙量，如图 8－38 所示。

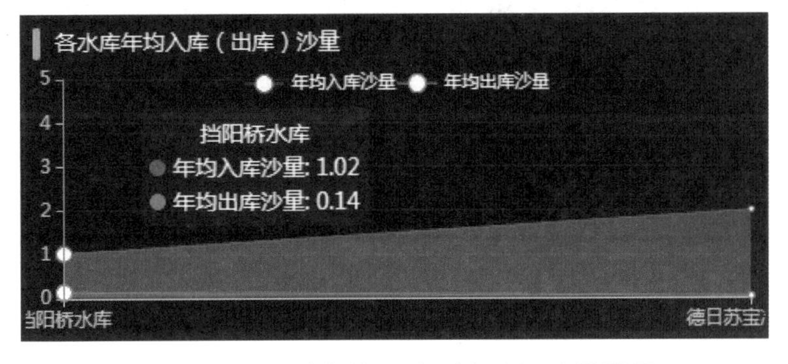

图 8－38 水库年均入库（出库）沙量显示

（3）各水库水位数据，如图 8－39 所示。

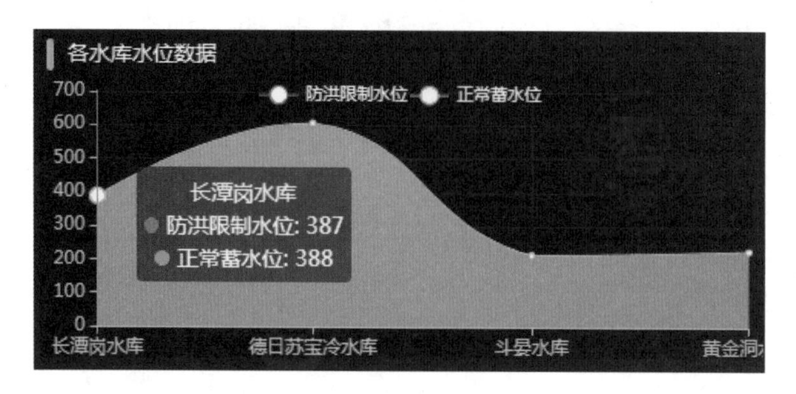

图 8－39　水库水位数据显示

（4）各水库基本信息，如图 4－40 所示。

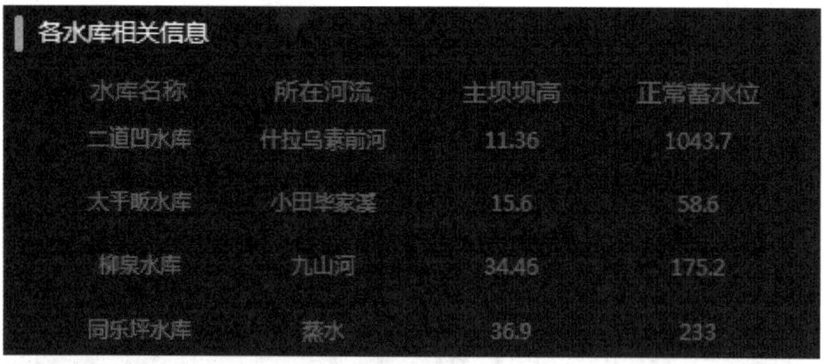

各水库相关信息

水库名称	所在河流	主坝坝高	正常蓄水位
二道凹水库	什拉乌素前河	11.36	1043.7
太平畈水库	小田毕家溪	15.6	58.6
柳泉水库	九山河	34.46	175.2
同乐坪水库	蒸水	36.9	233

图 8－40　水库基本信息显示

（5）当前河流水库数量，如图 8－41 所示。

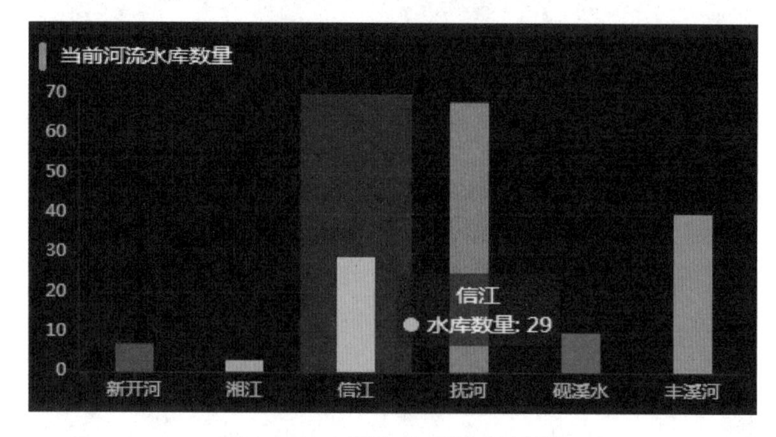

图 8－41　河流水库数量显示

（6）水库坝址控制流域面积，如图 8－42 所示。

（7）当前河流水库数量，如图 8－43 所示。

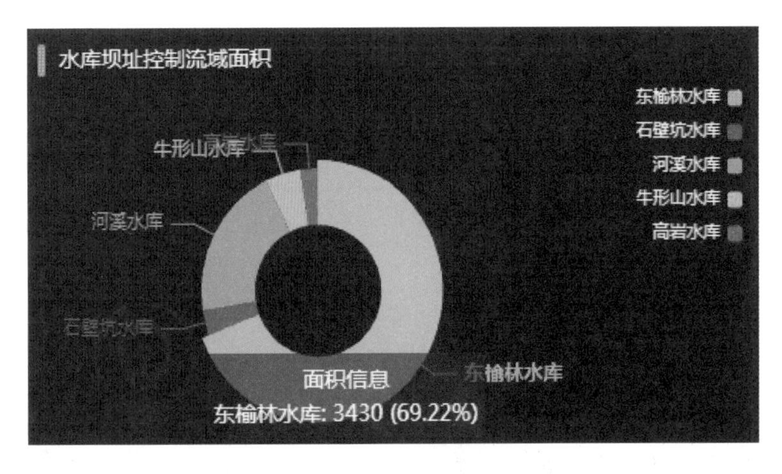

图 8-42　水库坝址控制流域面积显示

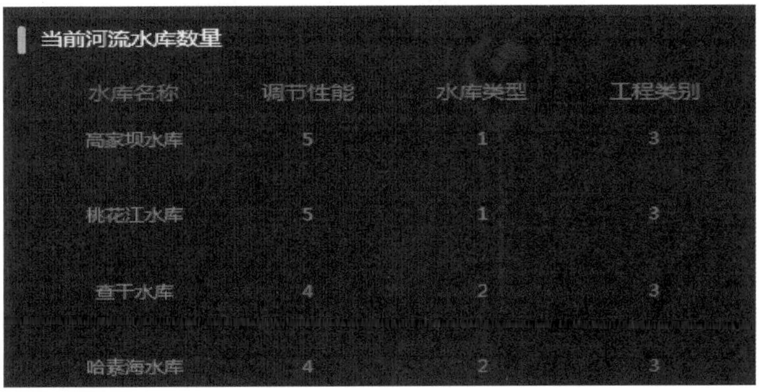

当前河流水库数量

水库名称	调节性能	水库类型	工程类别
高家坝水库	5	1	3
桃花江水库	5	1	3
查干水库	4	2	3
哈素海水库	4	2	3

图 8-43　河流水库数量显示

（8）所在河流为红河的水库年均淤损率，如图 8-44 所示。

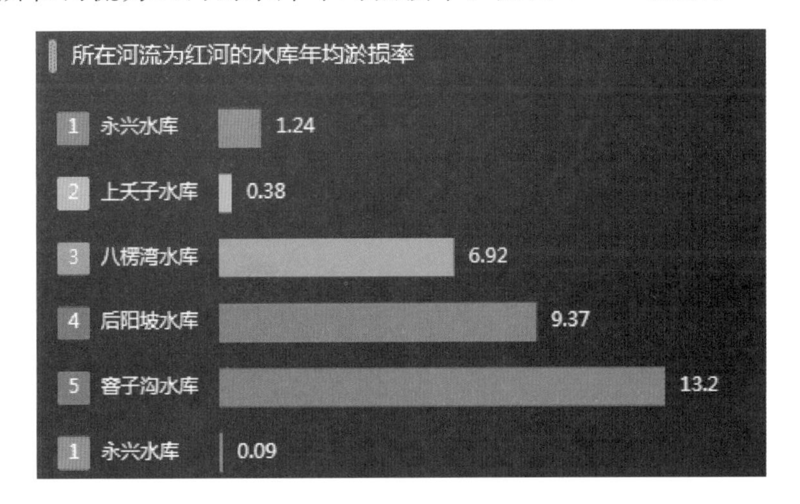

图 8-44　红河流域水库年均淤损率

（9）戈家辽水库相关信息，如图 8 - 45 所示。

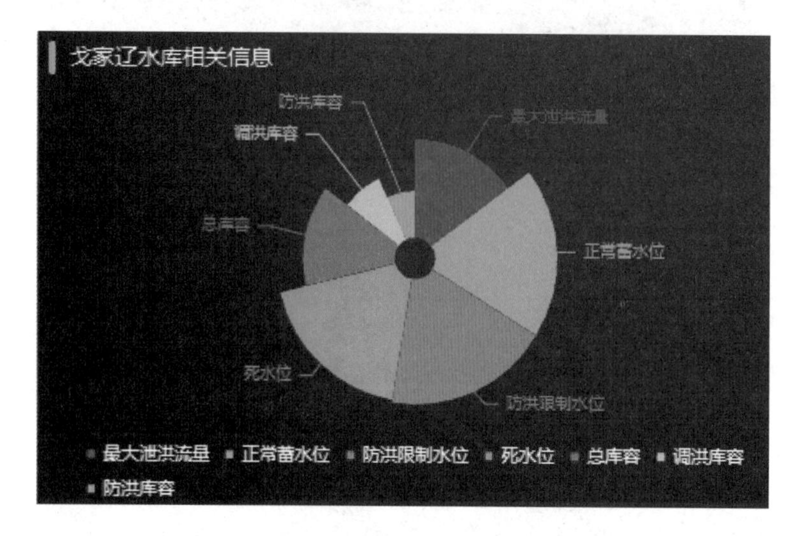

图 8 - 45　戈家辽水库相关信息

参 考 文 献

[1] 姜乃森，傅玲燕．中国的水库泥沙淤积问题［J］．湖泊科学，1997，9（1）．

[2] 中国大坝协会．2008 年中国与世界大坝建设情况：大坝统计．http：//www. chincold. org. cn/chincold/index. htm.

[3] 张瑞瑾，谢鉴衡，王明甫．河流泥沙动力学［M］．北京：水利电力出版社，1989.

[4] MAHMOOD K. Reservoir Sedimentation：Impact，Extent and Mitigation，World Bank Technical Paper［J］．Washington DC. 1987，71.

[5] FANOS A M. The impact of human activities on the erosion and accretion of the Nile delta coast［J］．Journal of Coastal Research，1995，11（3）：821－833.

[6] GUILLEN J，PALANQUES A. Sediment dynamics and hydrodynamics in the lower course of a river highly regulated by dams the Ebro River［J］．Sedimentology，1992，39（4）：567－579.

[7] GLEN E P，ZAMORA－ARROYO F，NAGLER P L，et al. Ecology and conservation biology of the Colorado river delta，Mexico［J］．Journal of Arid Environments. 2001，49（1）：5－15.

[8] HU D，CLIFT P D，PHILIPP B，et al. Holocene evolution in weathering and erosion patterns in the Pearl river delta［J］．Geochemistry Geophysics Geosystems，2013，14（7）：2349－2368.

[9] FASSETTA G A. River channel changes in the Rhone Delta（France）since the end of the Little Ice Age：geomorphological adjustment to hydroclimatic change and natural resource management［J］．Catena，2003，51（2）：141－172.

[10] ZHANG Q，XU C Y，CHEN X. Abrupt changes in the discharge and sediment load of the Pearl River，China［J］．Hydrological Processes，2012，26（10）：1495－1508.

[11] ABAM T K S. Impact of dams on the hydrology of the Niger Delta［J］．Bulletin of Engineering Geology and the Environment，1999，57（3）：239－251.

[12] JAY D A，SIMANSTAD C A. Downstream effects of water withdrawal in a small，High－gradient basin：erosion and deposition on the Skokomish river delta［J］．Estuaries，1996，19（3）：501－517.

[13] 钱春林．引滦工程对滦河三角洲的影响［J］．地理学报，1994（2）：158－166.

[14] YANG S L，ZHANG J，ZHU J，et al. Impact of dams on Yangtze river sediment supply to the sea and delta intertidal wetland response［J］．Journal of Geophysical Research earth surface，2005，110（F3）：247 275.

[15] 倪晋仁，王光谦．黄河中游水土保持措施对入黄干支流泥沙特性的影响：减沙效应分析 [J]．自然资源学报，1997，12 (2)：126-132.
[16] 金正越，毛世民．九十年代淮河中游泥沙继续减少 [J]．治淮，2000 (5)：38-39.
[17] WHITE W R. Evacuation of sediments from Reservoirs [M]. London：Thomas Telford，2001.
[18] 韩其为，杨小庆．我国水库泥沙淤积研究综述 [J]．中国水利水电科学研究院学报，2003，1 (3)．
[19] 张士辰，盛金保，李子阳，等．关于推进水库清淤工作的研究与建议 [J]．中国水利，工程建设与管理，2017 (16)．
[20] 田海涛，张振克，李彦明，等．中国内地水库淤积的差异性分析 [J]．水利水电科技进展，2006，26 (6)．
[21] 曹慧群，李青云，黄茁，等．我国水库淤积防治方法及效果综述 [J]．水力发电学报，2013，32，(6)：183-189.
[22] GREGORY L. Morris. Management Alternatives to Combat Reservoir Sedimentation [J]. International workshop on sediment bypass trunnels. 2015 (4)，ETH Zurich.
[23] 彭润泽，常德礼，白荣隆，等．推移质三角洲溯源冲刷计算公式 [J]．泥沙研究，1981 (1)：14-29.
[24] 彭润泽，牛景辉．推移质溯源冲刷的数值计算 [J]．泥沙研究，1987 (3)：71-80.
[25] 邓志强．非均匀推移质溯源冲刷规律研究 [J]．泥沙研究，1991 (1)：75-80.
[26] 韩其为．水库淤积 [M]．北京：科学出版社，2003.
[27] 赵光宇．水库淤积治理措施综述 [J]．山西水利，2011 (10)：52-54.
[28] 钱宁，范家骅．异重流 [M]．北京：水利电力出版社，1958.
[29] 王光谦，方红卫．异重流运动基本方程 [J]．科学通报，1996 (18)：1715-1720.
[30] 侯晖昌，焦恩澤，秦芳．官厅水库1953—1956年异重流资料初步分析 [J]．泥沙研究，1958 (2)：70-94.
[31] 李书霞，夏军强，张俊华．水库浑水异重流潜入点判别条件 [J]．水科学进展. 2012，23 (3)：363-368.
[32] Sabine Chamoun，Givovanni De Cesare，Anton J. Schleiss. Managing reservoir sedimentation by venting turbidity currents：A review [J]. International Journal of Sediment Research，2016，31 (No. 3)：195-204.
[33] 方春明，韩其为，何明民．异重流潜入条件分析及立面二维数值模拟 [J]．泥沙研究，1997 (4)：68-75.
[34] 韩其为，何明民．泥沙数学模型中冲淤计算的几个问题 [J]．水利学报，1988 (5)：16-25.
[35] 练继建，胡明罡，刘媛媛．多沙河流水库水沙联调多目标规划研究 [J]．水力发电学报，2004 (2)：12-16.
[36] 向波，纪昌明，彭杨，等．基于免疫粒子群算法的水沙调度模型研究 [J]．水力发电学报，2010，29 (1)：97-101.

[37] 刘素一．水库水沙优化调度的研究及应用［D］．武汉：武汉水利电力大学，1995.
[38] 彭杨，李义天，张红武．水库水沙联合调度多目标决策模型［J］．水利学报，2004，(4)：1-7.
[39] 吴巍，周孝德，王新宏，等．多泥沙河流供水水库水沙联合优化调度的研究与应用［J］．西北农林科技大学学报（自然科学版），2010，38（12）：221-229.
[40] 朱厚生，邱林．黄河上游梯级水库水沙调节优化调度［J］．系统工程理论与实践，1990，(6)：54-60.
[41] 白晓华，李旭东，周宏伟，等．汾河流域梯级水库群水沙联合调节计算［J］．水电能源科学，2002，20（3）：51-54.
[42] 中华人民共和国水利部，中华人民共和国国家统计局．第一次全国水利普查公报［M］．北京：中国水利水电出版社，2017.
[43] 邓安军，陈建国，胡海华，等，水库淤损控制与库容恢复研究综述［J］．人民黄河，2019（1）：1-5.
[44] 胡春宏，陈建国，郭庆超．三门峡水库淤积与潼关高程［M］．北京：科学出版社，2008.
[45] 陈建国，周文浩，韩闪闪．三门峡水库水沙运动的若干规律-兼论水库溯源冲刷对黄河下游河道的影响［J］．水利学报，2014，45（10）：1165-1174.
[46] CHEN J G，ZHOU W H，HAN S S，et al. Influences of Retrogressive Erosion of Reservoir on Sedimentation of Its Downstream River Channel - A case study on Sanmenxia Reservoir and the Lower Yellow River［J］. International Journal of Sediment Research，2017，32（3）：373-383.
[47] 陈建国，周文浩，孙高虎．论小浪底水库近期调水调沙在黄河下游河道冲刷中的作用［J］．泥沙研究，2009（3）：1-7.
[48] 陈建国，周文浩，陈强．小浪底水库拦沙后期水沙调控运用的思考［J］．人民黄河，2012（5）：1-3.
[49] 陈建国，周文浩，韩闪闪．黄河小浪底水库拦沙后期运用方式的思考与建议［J］．水利学报，2015，46（5）：574-583.
[50] 陈建国，周文浩，孙高虎．论黄河小浪底水库拦沙后期的运用及水沙调控［J］．泥沙研究，2016（4）：1-8.
[51] 胡春宏，王延贵，张世奇，等．官厅水库泥沙淤积与水沙调控［M］．北京：中国水利水电出版社，2003.
[52] 曹洁，张家武，张成君，等．青藏高原北缘哈拉湖近800年来湖泊沉积及其环境意义［J］．第四纪研究，2007（1）：100-107.
[53] 陈发虎，张家武，程波，等．青海共和盆地达连海晚第四纪高湖面与末次冰消期以来的环境变化［J］．第四纪研究，2012，32（1）：122-131.
[54] 陈萍．洪湖近1300年来的环境演变研究［D］．北京：中国科学院研究生院（测量与地球物理研究所），2004.
[55] 陈诗越，王苏民，陈影影，等．东平湖沉积物～（210）Pb、～（137）Cs垂直分

布及年代学意义［J］．第四纪研究，2009，29（5）：981－987.
［56］ 陈耀泰．珠江口现代沉积速率与沉积环境［J］．中山大学学报（自然科学版），1992（2）：100－107.
［57］ 储国强，顾兆炎，许冰，等．东北四海龙湾玛珥湖沉积物纹层计年与～（137）Cs、～（210）Pb 测年［J］．第四纪研究，2005（2）：202－207.
［58］ 丁兆运，杨浩，王小雷，等．基于～（137）Cs、～（241）Am 和～（210）Pb 计年的上级湖沉积速率研究［J］．地理与地理信息科学，2012，28（5）：90－94.
［59］ 冯金良，朱立平，李玉香．藏南沉错湖泊三角洲的沉积相及沉积环境［J］．地理研究，2004（5）：649－656.
［60］ 冯明刚．玉溪市星云湖环境现状及可持续发展研究［D］．昆明：昆明理工大学，2005.
［61］ 高丽娜．吉林省西部月亮湖重金属的环境地球化学研究［D］．长春：吉林大学，2013.
［62］ 顾兆炎，刘嘉麟，袁宝印，等．湖相自生沉积作用与环境——兼论西藏色林错沉积物记录［J］．第四纪研究，1994（2）：162－174.
［63］ 桂智凡，薛滨，姚书春，等．黑龙江省五大连池近百年环境变化研究［J］．第四纪研究，2011，31（3）：544－553.
［64］ 郝立波，刘海洋，陆继龙，等．松花湖沉积物～（137）Cs 和～（210）Pb 分布及沉积速率［J］．吉林大学学报（地球科学版），2009，39（3）：470－473.
［65］ 贺怀宇，刘嘉麒，马志邦．（210）～Pb 年代学方法测定东北玛珥湖沉积速率［J］．第四纪研究，2000（6）：571.
［66］ 侯战方，陈诗越，孟静静，等．近 1200a 来黄河下游梁山泊沉积记录的环境变迁［J］．湖泊科学，2018，30（1）：245－255.
［67］ 胡胜华，贺锋，孔令为，等．杭州西湖湖湾生物硅沉积测定与营养演化的过程［J］．生态环境学报，2011，20（12）：1892－1897.
［68］ 吉磊，夏威岚，项亮，等．内蒙古呼伦湖表层沉积物的矿物组成和沉积速率［J］．湖泊科学，1994（3）：227－232.
［69］ 贾铁飞，张卫国，俞立中．1860s 以来巢湖沉积物金属元素富集特点及其对人类活动的指示意义［J］．地理研究，2009，28（5）：1217－1226.
［70］ 介冬梅，吕金福，李志民，等．大布苏湖全新世沉积岩心的碳酸盐含量与湖面波动［J］．海洋地质与第四纪地质，2001（2）：77－82.
［71］ 鞠建廷，朱立平，冯金良，等．粒度揭示的青藏高原湖泊水动力现代过程：以藏南普莫雍错为例［J］．科学通报，2012，57（19）：1781－1790.
［72］ 蓝江湖，徐海，刘斌．内蒙古岱海现代快速沉积及地球化学初步研究［J］．地球环境学报，2011，2（2）：387－394.
［73］ 李凤业，宋金明，李学刚，等．胶州湾现代沉积速率和沉积通量研究［J］．海洋地质与第四纪地质，2003（4）：29－33.
［74］ 林瑞芬，卫克勤．草海 ZHJ 柱样沉积物有机质的 δ～（13）C 记录及其古气候信息

[J]．地球化学，2000 (4)：390－396.

[75] 林瑞芬，卫克勤，程致远，等．新疆玛纳斯湖沉积柱样的古气候古环境研究 [J]．地球化学，1996 (1)：63－72.

[76] 吕海青，刘冬雁，庄振业，等．山东荣成后港泻湖沉积及其速率对比 [J]．海洋湖沼通报，2006 (2)：23－30.

[77] 秦伯强，等．太湖水环境演化过程与机理 [M]．2004，北京，科学出版社．

[78] 任天山，徐翠华，钟志兆，等．～ (210) Pb 和～ (137) Cs 计年在湖泊沉降物年代学研究中的应用 [J]．原子能科学技术，1993 (6)：504－511.

[79] 史小丽，秦伯强．湖北网湖～ (137) Cs、～ (210) Pb 计年与沉积速率研究[J]．宁波大学学报 (理工版)，2008，21 (3)：418－422.

[80] 苏丹，臧淑英，叶华香，等．扎龙湿地南山湖沉积岩芯重金属污染特征及来源判别 [J]．环境科学，2012，33 (6)：1816－1822.

[81] 孙清展，臧淑英，肖海丰．黑龙江连环湖近现代沉积速率及粒度反映的气候干湿变化 [J]．地理与地理信息科学，2013，29 (3)：119－124.

[82] 孙顺才，等．抚仙湖 [M]．北京：科学出版社，1990.

[83] 孙顺才，等．太湖 [M]．北京：海洋出版社，1993.

[84] 陶士臣，安成邦，陈发虎，等．孢粉记录的新疆巴里坤湖 16.7cal ka BP 以来的植被与环境 [J]．科学通报，2010，55 (11)：1026－1035.

[85] 万国江．现代沉积年分辨的～ (137) Cs 计年——以云南洱海和贵州红枫湖为例 [J]．第四纪研究，1999 (1)：73－80.

[86] 王国平，刘景双，汤洁，等．吉林向海沼泽湿地典型剖面沉积及年代序列重建 [J]．湖泊科学，2003 (3)：221－228.

[87] 王君波，彭萍，马庆峰，等．西藏玛旁雍错和拉昂错水深、水质特征及现代沉积速率 [J]．湖泊科学，2013，25 (4)：609－616.

[88] 王君波，朱立平，汪勇，等．西藏纳木错现代沉积速率的空间分布特征及近 60 年来的变化研究 [J]．第四纪研究，2011，31 (3)：535－543.

[89] 王苏民，等．中国湖泊志 [M]．北京：科学出版社，1998.

[90] 汪勇，沈吉，羊向东，等．陕北红碱淖沉积物粒度特征所揭示的环境变化 [J]．沉积学报，2006 (3)：349－355.

[91] 王永波，刘兴起，羊向东，等．可可西里库赛湖揭示的青藏高原北部近 4000 年来的干湿变化 [J]．湖泊科学，2008 (5)：605－612.

[92] 王自翔，王永莉，等．泸沽湖沉积物中的铁元素和有机分子记录及其古气候/环境意义 [J]．第四纪研究，2015 (35)：131－142.

[93] 魏学利，陈宁生．官坝河泥石流发育特征及对四川邛海的泥沙淤积效应 [J]．地理学报，2018，73 (1)：81－91.

[94] 吴艳宏，刘恩峰，邴海健，等．人类活动影响下的长江中游龙感湖近代湖泊沉积年代序列 [J]．中国科学：地球科学，2010，40 (6)：751－757.

[95] 吴艳宏，王苏民，夏威岚，等．青藏高原中部 0.2ka 来的环境变化 [J]．中国科学

（D辑：地球科学），2001（S1）：264－268.

［96］ 吴芝瑛，虞左明，盛海燕，等．杭州西湖底泥疏浚工程的生态效应［J］．湖泊科学，2008，20（3）：277－284.

［97］ 夏威岚，王云飞，潘红玺．女山湖现代沉积速率和环境解释［J］．湖泊科学，1995（4）：314－320.

［98］ 夏威岚，薛滨．吉林小龙湾沉积速率的～（210）Pb和～（137）Cs年代学方法测定［J］．第四纪研究，2004（1）：124－125.

［99］ 夏忠欢，徐柏青，MGLER I，等．青藏高原南部空姆错湖芯中陆源正构烷烃氢同位素比值的气候意义［J］．湖泊科学，2010，22（1）：127－135.

［100］ 项亮，吴瑞金，吉磊．～（137）Cs和～（241）Am在滇池、剑湖沉积孔柱中的蓄积分布及时标意义［J］．湖泊科学，1996（1）：27－34.

［101］ 徐海，刘晓燕，安芷生，等．青海湖现代沉积速率空间分布及沉积通量初步研究［J］．科学通报，2010，55（Z1）：384－390.

［102］ 许健．黑河下游木能诺尔湖泊沉积记录的环境演变信息研究［D］．上海：华东师范大学，2006.

［103］ 徐经意，万国江，王长生，等．云南省泸沽湖、洱海现代沉积物中～（210）Pb，～（137）Cs的垂直分布及其计年［J］．湖泊科学，1999（2）：110－116.

［104］ 胥思勤．红枫-百花湖、程海沉积物Pb分布及环境示踪的对比研究［D］．北京：中国科学院地球化学研究所，1999.

［105］ 胥思勤，万国江．云南省程海现代沉积物中～（137）Cs、～（210）Pb的分布及计年研究［J］．地质地球化学，2001（1）：28－31.

［106］ 薛滨，潘红玺，夏威岚，等．历史时期希门错湖泊沉积色素记录的古环境变化［J］．湖泊科学，1997（4）：295－299.

［107］ 薛滨，姚书春，夏威岚．长江中下游典型湖泊近代环境变化研究［J］．地质学报，2008（8）：1135－1141.

［108］ 孙博，葛兆帅．近500年来骆马湖演变的驱动力探究［J］．水土保持通报，2017，37（4）：327－332.

［109］ 杨洪，易朝路，邢阳平，等．～（210）Pb和～（137）Cs法对比研究武汉东湖现代沉积速率［J］．华中师范大学学报（自然科学版），2004（1）：109－113.

［110］ 杨松林，刘国贤，杜瑞芝，等．用～（210）Pb年代学方法对辽东湾现代沉积速率的研究［J］．沉积学报，1993（1）：128－135.

［111］ 姚书春，薛滨，王小林．人类活动影响下的固城湖环境变迁［J］．湖泊科学，2008（1）：88－92.

［112］ 姚书春，王小林，薛滨．全新世以来江苏固城湖沉积模式初探［J］．第四纪研究，2007（3）：365－370.

［113］ 姚志刚，鲍征宇，高璞．洞庭湖沉积物重金属环境地球化学［J］．地球化学，2006（6）：629－638.

［114］ 叶崇开，张怀真，王秀玉，等．鄱阳湖近期沉积速率的研究［J］．海洋与湖沼，

1991 (3)：272－278.

[115] 游海涛，刘强，刘嘉麒，等．纹层计年与～(137) Cs、～(210) Pb 法对比研究东北二龙湾玛珥湖现代沉积速率 [J]．吉林大学学报（地球科学版），2007 (1)：59－64.

[116] 袁世飞．近百年来长江中游牛轭湖沉积记录的高分辨率环境演变研究 [D]．上海：上海师范大学，2014.

[117] 翟正丽，王国平，刘景双．乌兰泡沼泽的～(210) Pb、～(137) Cs 测年与现代沉积速率 [J]．湿地科学，2005 (4)：269－273.

[118] 张成君，曹洁，类延斌，等．中国新疆博斯腾湖全新世沉积环境年代学特征[J]．沉积学报，2004 (3)：494－499.

[119] 张宏亮，李世杰，冯庆来，等．云南星云湖沉积物正构烷烃记录的近代环境变化 [J]．第四纪研究，2008 (4)：746－753.

[120] 张经国．乌梁素海湿地沉积物沉积速率和粒度变化特征及其环境演化研究 [D]．呼和浩特市：内蒙古大学，2013.

[121] 张信宝，曾奕，龙翼．～(137) Cs 质量平衡法测算青海湖现代沉积速率的尝试 [J]．湖泊科学，2009，21 (6)：827－833.

[122] 张云峰，张振克，王万芳，等．江苏省石梁河水库高分辨率沉积速率变化及环境意义 [J]．湖泊科学，2014，26 (3)：473－480.

[123] 张振克，吴瑞金，沈吉，等．近 1800 年来云南洱海流域气候变化与人类活动的湖泊沉积记录 [J]．湖泊科学，2000 (4)：297－303.

[124] 张祖陆，牛振国，孙庆义，等．南四湖底泥污染及其变化过程 [J]．中国环境科学，1999 (1)：30－33.

[125] 赵一阳，李凤业，DEMASTER D J，等．南黄海沉积速率和沉积通量的初步研究 [J]．海洋与湖沼，1991 (1)：38－43.

[126] 周爱锋，强明瑞，张家武，等．苏干湖沉积物纹层计年和～(210) Pb，～(137) Cs 测年对比 [J]．兰州大学学报（自然科学版），2008，44 (6)：15－18.

[127] 周晓娟．中晚全新世以来抚仙湖沉积记录的环境变化研究 [D]．昆明：云南师范大学，2017.

[128] 朱金格，胡维平，胡春华．太湖沉积速率分布演化及其淤积程度健康评价 [J]．长江流域资源与环境，2010，19 (6)：703－706.

[129] 朱立平，陈玲，李炳元，等．西昆仑山南红山湖沉积反映的过去 150 年湖区环境变化 [J]．中国科学（D 辑：地球科学），2001 (7)：601－607.

[130] 李妍．基于 ArcMAP 的五强溪泥沙淤积及其对水库调度影响的分析 [D]．武汉：华中科技大学，2019.